U0111999

大展好書 好書大展

實用家庭菜園

孔翔儀／編譯

家庭／生活

81

前言

這本書是設定使住在都市中，沒有種植蔬菜經驗的人家，能開始種植各種季節中好吃的蔬菜，而構成的。

因此，首先說明土地的借租法，購買種、苗、肥料的方法，接下來就具體的介紹五十種連初學者也能勝任的蔬菜，及其培育法。在培育法中出現的有關種植蔬菜的特別用語、施肥的方法以及播種的方法等等，在本書後半的「種植蔬菜的基本知識」中有詳細的解說。如果有不明瞭的地方，敬請參閱。

普通來說，住在都市中的人，如果種植蔬菜的話，一週去照顧一次菜圃已是非常努力的了。也就是說，除草之類的作業，一週只能作一次。一般人可能會認為，在這麼長的間隔中，蔬菜可能早已經死光了吧？

然而，蔬菜竟是令人意外的強韌。即使萬一失敗了，重新種過就好了啊！既然並非職業的，那就以能力所及範圍內的照顧，來享受能力所及範圍內的收穫吧！

既然是抱著失敗就重來的心情，在此，我們就完全不使用農藥。不要太在意植物病蟲害什麼的，輕輕鬆鬆的，就算外表不美也無妨，而是以種植安全的蔬菜為目的。

目　錄

◎全家一起種◎

得到菜圃了！

三月，抽中了市公所招募的市民農園，全家人終於得到了期待中的田地。從家裡到田地的距離約是步行十分鐘。星期六，全家立刻就跑去看了，也認識了坐車而來的隔壁田地的一家人。

大小約是三十平方公尺，無法種植太多的種類。也無法得知之前的人是種植些什麼？

於是，就決定暫時先從一些簡單的蔬菜開始。另外也選了一種較珍貴的蔬菜，做為挑戰。

詳細了解蔬菜

白菜（葉菜）

馬鈴薯（塊莖）

葱（葉菜）

薑（地下莖）

洋葱（鱗葉）

青椒（果菜）

●所謂蔬菜，到底是什麼呢？

雖然只以一句「蔬菜」稱之，但光是在市場中可買到的種類，就有一三〇種以上。但是，光以白蘿蔔一例，就有三浦白蘿蔔、宮重白蘿蔔、聖護院白蘿蔔等品種，一種蔬菜又要細分為好幾種品種，因此有極大數量的味道以及形狀不同之蔬果。

同樣是吃它的果實，為何草莓是蔬菜，而蘋果則是水果呢？大致上來說，所謂蔬菜是一～二年生的草本植物，並且是作爲副食品而利

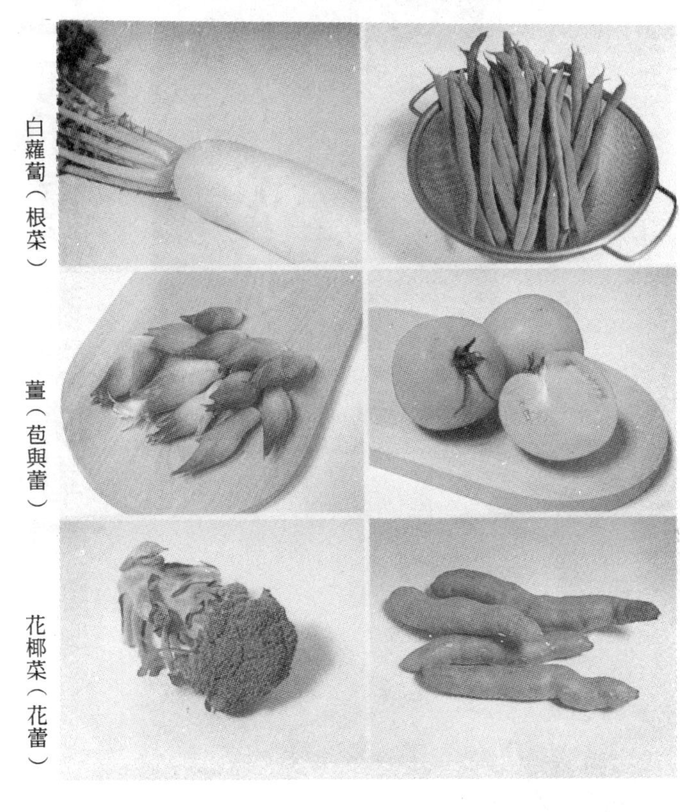
四季豆（莢實）
白蘿蔔（根菜）
番茄（果菜）
薑（苞與蕾）
地瓜（塊根）
花椰菜（花蕾）

用的農作物。因此，蘋果由於是木本（樹木）的果實，而未列入蔬菜中。

●把蔬菜分類來看

蔬菜，其各個種類的利用部位皆不同。有葉、莖、根、芽、蕾、花、果實等等。就算同樣是果實，也有分幼果、熟果、莢實等不同。一般而言，蔬菜依據其利用部位之不同，作以下分類。

①葉莖菜類、②根菜類、③花菜類、④果菜類、⑤雜類（蘑菇類）。所謂花菜類，是指吃其花或蕾的蔬菜。

向新奇的蔬菜挑戰

撇藍

塌菜

芽高麗菜

●新奇的蔬菜

這一陣子，開始在蔬菜店好好地觀察那些不熟悉的蔬菜。中國蔬菜、西洋蔬菜，甚至地方蔬菜等等，新奇的蔬菜。

雖說是「新奇」的蔬菜，但這些蔬菜在它們被利用的地域中，幾乎皆是自古就栽培了的，只是最近才來到日本，或是最近才上市的。

另外，區分為中國蔬菜或是西洋蔬菜，也不過是根據其多使用於中國料理、或是西洋料理，並非非常嚴密地區分。

聖護院蘿蔔

京薯

冬瓜

大葱

最常吃到的中國蔬菜就是青江菜、菜心、塌菜、A菜、韮菜花等，其中也有幾樣能在家庭菜園中栽培。

西洋蔬菜中，則為撇藍、細長的夏南瓜、菊苣、甜菜、大黃、韮葱等，較常被利用到，另外就是數量衆多的藥草香菜類。

對於地方蔬菜也開始好好觀察。比起蔬菜的種類來說，品種的不同及味道形狀上的不同，似乎更多。

也來種藥草香菜

襯托料理

鼠尾草

basil

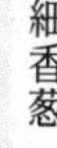

細香葱

Chervil

百里香

●肉料理中不可或缺的

在日本，藥草香菜類不太被栽種，所以日本料理的味道比西洋料理輕爽的多。因為大家都認為本身個性太強烈的材料較難用。在餐桌上剩下來的肉料理也很多，因此請多使用藥草香菜類，創作出家庭獨自的風味。

藥草香菜類本來也是野草，其性質較強，因此肥料亦不太需要。量也不需要太多，在走廊的花盆中種植就可以了。較方便，易栽植的則是 basil、細香葱、Chervil、鼠尾草、百里香等。

享受蔬菜的花

牛蒡

南瓜

茼蒿菜

白蘿蔔

韭菜

秋葵

青椒

●花很漂亮的蔬菜

在蔬菜中也有許多花很漂亮，值得觀賞者。秋葵的花又大又黃，極似芙蓉，可說是鮮明夏季的象徵。茄子、小黃瓜、南瓜等，若沒有花就無法期待果實，所以見到花朵的高興更是難以形容。

見到了顏色及形狀都極像茄子花的馬鈴薯花，就能理解馬鈴薯是屬於茄子科的。

草莓、茼蒿菜是薔薇科、菊科，其美麗是可以想見的，而豌豆、蠶豆等豆科的花也很漂亮。幽默的蔥的球狀花、可愛的韭菜的小白花，都極富有雅趣。

在陽台上種植蔬菜

由花盆栽培的蔬菜

南瓜的栽培

●沒有菜圃也可以栽培蔬菜

住在公寓等集合住宅的都市居民，若想得到菜圃可說是需要相當的努力。而在市民農園的應募中落選也是常有的事。然而卻不能因此就死心。

蔬菜並非只能在菜圃中栽培。在狹窄的陽台上，種植紅蘿蔔、鴨兒芹、冬蔥等小型蔬菜是當然沒問題，然而只要是栽培方法正確，就算是白菜、南瓜等大型蔬菜的栽培也是十分可能的。

因為是在身邊栽培，對於澆水、施肥等皆能適切地進行，發生病蟲害時也能立刻注意到，簡單地預防。因為管理方便，使用花盆的栽培當然也有很好的例子。請對在陽台上栽培的蔬菜也挑戰看看。

第一章

栽培蔬菜的想法

◉走向菜圃之前

走向菜圃之前◉栽培蔬菜的想法——1

栽培蔬菜的十樂趣

種植蔬菜全家一起來！

■恢復季節感

現今如果到蔬菜店或超市，幾乎所有的主要蔬菜都是全年都能買到。因此，蔬菜的季節感漸漸失去，我們也不知不覺的忘記蔬菜是有季節性的，從而也忘記了它們真正的味道和香味。而把散發著奇怪光澤、形狀美麗、沒有蟲咬痕跡的蔬菜，想成當然的。過去的蔬菜應該不是如此的。

在家庭中栽培蔬菜，光是考慮費用和勞力，就比在蔬菜店買要高了好幾成，可說是一件非常沒效率的作業。但是種植蔬菜有以下的許多好處，並有一開始就停不下來的樂趣。

①栽培蔬菜本身就有樂趣。

②餐桌上的季節感復活，感到「旬」的

味覺。

③能吃到剛摘下的新鮮蔬菜。

④能吃到不使用農藥的安全蔬菜。

⑤享受蔬菜原本的味覺和香味。會驚訝其與蔬菜店買的差異之大。

⑥能取得稀奇的蔬菜。

⑦將簡單的蔬菜在手邊栽培，可以豐富餐桌。

鍬

薺菜

⑧和自然接觸可使生活更清新。

⑨和家人的接觸更親密。

⑩利用剩飯、菜屑、魚骨等作為堆肥，作家庭內的廢物再利用，也可教導孩子不要浪費的觀念。

■與自然一起生活

栽培不使用農藥的蔬菜，確實是有其難題存在。常有比使用農藥的情況少收成三成，也有零收穫的可能性。但是不要介意，大不了明年再挑戰就是了。

在紅蘿蔔或歐芹的葉子上若是發現毛毛蟲，就乾脆將它養育成蝴蝶，留一個高麗菜給小鳥吃、一邊吃的彎彎曲曲的黃瓜、二叉的蘿蔔一邊笑著，插一朵叢生雜草的花朵。栽培蔬菜，如果抱持這樣的心情，必須豐富家人的心情，使大家更有愛心。

走向菜圃之前◉栽培蔬菜的想法——2

在都市中的家庭菜園

■得到蔬菜圃

家中有庭園的話，就算是很小也沒關係，首先從花園裡開始就好了。但是除了種花，車庫、或是日晒不太足夠的地方都可以。現在的都市房子，就算是獨棟的，要找出一個種菜的空間也不太容易。然而，即使有時可能需要限定蔬菜的種類，只要是下點工夫，就會有成果。

住在公寓或大廈的情況時，陽台就是主角了。大部份的蔬菜也幾乎能種在花盆裡。不要期待一次種太多的種類，大型的葉菜、果菜之種植也有其困難，除此以外，就可期待成果了。對於沒有時間去菜園或得不到菜園的人，我們建議先從陽台開始。

■應募市民農園

現在有開設市民農園的城市鎮等並不是很多。日本從一九八九年開始，農林水產省決定了將「市民農園等設施」整備、擴大的政策，因此今後市民農園稍微增加一些了。

市民農園一般的形式是十一月～二月公開招募，一～三月抽選，三～四月起使用到翌年的三月止。應募的資格限於住在此地區，沒有田地的人。面積從十至三十平方公尺，使用費也從免費到一年五千日幣左右不一。雖然也有契約是二年的市民農園，但大部份的情況都是一年，因此亦有無法作合理的種植計畫及輪作之缺點。有的市民農園除了灌溉水之外，還有租借農具的小屋、廁所、有屋頂的休息場等，然而也有的市民農園設施只有

市民農園（埼玉縣大宮市）

灌溉水而已。

接受應募的處所，名稱也各不相同，如市民課、公園綠地課、經濟課、產業課、農政課、環境課等等，詳細情況請詢問各區或市鎮。（希望台灣以後也有）

■克萊恩花園

在歐洲，不論那個都市都有相當大規模的市民農園，德語稱作「克萊恩花園（小菜圃）」，並且在農業生產上佔了相當重要的地位。

以德國為例，國內蔬菜生產的三成是由此克萊恩花園提供的，因此可以了解德國人認為蔬菜基本上是一種自給的東西。

其一區的面積是二五〇～四〇〇㎡，和日本的相差懸殊，而利用期間也沒有限制。除了其收穫物禁止販賣之外，可以在此建小屋、開派對，是一完全融入生活中的存在。因此菜圃是愈來愈熱門了。而由於文化、政治、經濟、國民性上的各種條件均不同，故差異亦是很大的。

走向菜園之前◉栽培蔬菜的想法——3

要栽培何種蔬菜呢？

■適合家庭菜園條件的蔬菜

種植蔬菜時，首先要考慮的是其田地的性質及周圍的環境，必須特別注意其酸性度及排水等。

蔬菜難以生長的酸性土是可以用中和來解決，而排水問題也可以用堆高的方式改良。問題只是氣候和田地的大小。本書是將特殊的情況除外，但是，有些地方之氣候差異是非常大的，就算是同一個地方，其山間與平原的條件也是大不相同。就算是很容易培植的蔬菜也有其適合的條件，所以首先要做的就是調查一下各種蔬菜的溫度適性。

對家庭菜園來說，田地的大小也是很大的問題。如果是一○～三○㎡的田地，就不能種黃瓜、西瓜那樣有藤類的蔬菜，也不能種太多白菜、高麗菜等大型蔬菜。在大型蔬菜之間的空隙中，種一些不太佔空間的小型蔬菜，或是在大型蔬菜的陰影下，種一些適合陰涼的蔬菜等等，多花點心思，又能增加蔬菜的種類。

菜圃的大小與蔬菜的種類：

適合窄小菜圃的蔬菜：（未滿15㎡）	變種油菜、菠菜、茼蒿菜、青江菜、鴨兒芹、韮菜、慈蔥、紫蘇、蔥、蕪菁、生薑、小紅蘿蔔、四季豆、毛豆、茄子、番茄、小黃瓜。
適合寬大菜圃的蔬菜：（15㎡以上）	蕗、高麗菜、白菜、生薑、蘆筍、黃瓜、西瓜、玉蜀黍、白蘿蔔、牛蒡、紅蘿蔔、地瓜、馬鈴薯、芋頭。

主要蔬菜的收穫期

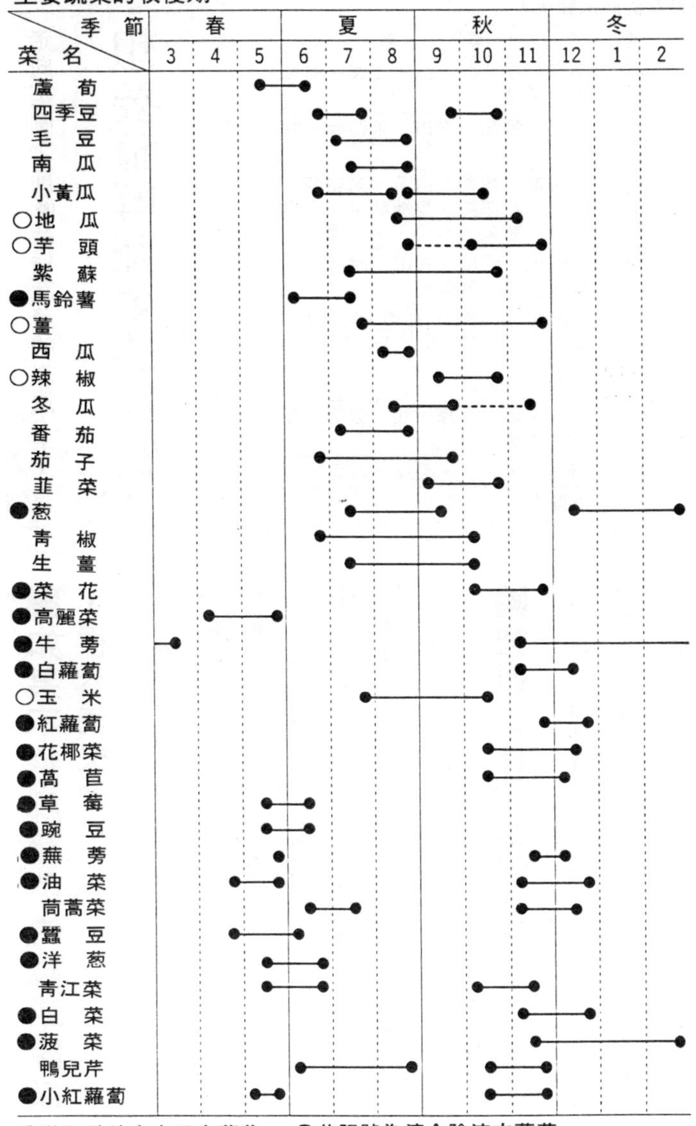

○此記號適合高溫之蔬菜　●此記號為適合陰涼之蔬菜

走向菜圃之前◉栽培蔬菜的想法——4

想要瞭解蔬菜的性質

■如果不瞭解蔬菜的親戚關係，很容易失敗

各種蔬菜皆是各自屬於一個團體（科）。同屬一科的蔬菜，我們就可以將它們看成有相似的性質。如同茄子和青椒，它們雖然外表大不同，卻同屬於茄科。所以當避免連種茄子時，如果種了與其同科的青椒時，也是會引起連作障礙的。如果想要連作時，一定要以科為單位來考慮。

主要蔬菜的親戚關係：

科　名	菜　名
菊　科	萵苣、沙拉菜、蕗、牛蒡、茼蒿菜、菊苣。
茄　科	茄子、番茄、青椒、馬鈴薯、辣椒。
油菜科	白蘿蔔、蕪菁、白菜、高麗菜、菜花、花椰菜、變種油菜、山東白菜、撇藍、水芹、小紅蘿蔔。
瓜　科	小黃瓜、西瓜、香瓜、南瓜、絲瓜、冬瓜、苦瓜。
芹　科	紅蘿蔔、荷藍芹、芹菜、鴨兒芹。
牽牛花科	地瓜。
赤砂科	菠菜、恭菜。
百合科	蔥、洋蔥、大蒜、韮、蘆筍、野薤、韮蔥。
豆　科	四季豆、豌豆、毛豆、蠶豆。
稻　科	玉蜀黍。

■把握各種蔬菜的性質

蔬菜也是各有各的個性的。其中，必須要考慮的是前述的可否連作，以及對酸性土的強弱、生長的適合溫度、日照的好惡、對土壤乾濕的適性、對土質（輕土、重土、砂

質土等等）的適性等。當在狹窄的土地上栽培時，其株的大小，有沒有藤蔓、地下莖伸長範圍等等，也都必須要列入考慮。

栽培的難易度：

容易栽培的蔬菜（適於初級者）	蘆筍、毛豆、地瓜、紫蘇、馬鈴薯、薑、玉米、恭菜、京菜、變種油菜、茼蒿菜、青江菜、韭菜、小紅蘿蔔。
稍微困難的蔬菜（適中級者）	四季豆、豌豆、秋葵、蕪菁、南瓜、小黃瓜、豇豆、冬瓜、葱、白蘿蔔、萵苣、蠶豆、洋葱、青椒、蕗。
困難的蔬菜（適於上級者）	芋頭、生薑、西瓜、番茄、茄子、菜花、高麗菜、牛蒡、紅蘿蔔、花椰菜、草莓、白菜、菠菜、鴨兒芹。

喜歡高溫與喜歡低溫的蔬菜：

喜歡高溫的蔬菜（24℃～30℃）	地瓜、芋頭、辣椒、秋葵、生薑、苦瓜。
喜歡中溫的蔬菜（18℃～26℃）：	小黃瓜、番茄、四季豆、黃瓜、西瓜。
喜歡冷涼的蔬菜（15℃～22℃）	馬鈴薯、洋葱、紅蘿蔔、牛蒡、白菜、萵苣、菠菜、豌豆、草莓、白蘿蔔、蕪菁、高麗菜、葱、蠶豆。

喜歡強光的蔬菜與喜歡陰涼的蔬菜

喜歡強光的蔬菜	小黃瓜、南瓜、香瓜、西瓜、茄子、番茄、草莓、馬鈴薯、紅蘿蔔、洋葱、地瓜、玉米、毛豆。
喜歡弱光的蔬菜	蕪菁、韭菜、白菜、高麗菜、葱、菠菜、萵苣、沙拉菜、慈葱、野薤、蘆筍、土當歸、芋頭、變種油菜、茼蒿。
喜愛陰涼的蔬菜	荷藍芹、鴨兒芹、蕗、生薑。

走向菜圃之前◉栽培蔬菜的想法——5

以無農藥的方式栽培蔬菜

塊充分含有氧氣，且地力高的田地中栽培出來的健康蔬菜，病蟲害等也無法接近。其原因是完全不使用化學肥料，只使用堆肥、雞糞、油粕、骨粉、草木灰等來栽培。若是用太多石灰類或是化學肥料，是決對不會有什麼好結果的。

所謂無農藥的有機栽培其實也並非什麼特別的東西。在三十～四十年前，一直都是在堆肥、輪作、混作上下工夫，幾乎是不使用農藥來耕作的。我們只不過是稍微回到從前一下。

避免連作，而在輪作的交替上下工夫，是非常重要的。像市民農園這種，利用時間短，不太能照計畫地有效栽培，然而如果細心的話，應該將那一塊地，種了什麼蔬菜……之類的事情記錄下來，交給下一次的使用

■能防止植物病蟲害的高地力農田

若要不使用農藥來種植蔬菜時，最重要的就是要製造富含堆肥等有機質的土壤。若是在一

田地20㎡大小時的輪作方法（四年輪作）

年＼區	A	B	C	D
第1年	1	2	3	4
第2年	2	3	4	1
第3年	3	4	1	2
第4年	4	1	2	3
第5年	1	2	3	4

A區	C區
B區	D區

四年輪作一次的情況下，將田地分成四區，將分成①～④組的蔬菜，順序種植。

者。

另外，無農藥栽培上需注意的重要事項為：種植適合該地氣候的蔬菜、選擇對病害較有抵抗力的品種，不要錯過播種的時間，勤勉地照顧，在植物病蟲害的初期就要防除等等。

走向菜圃之前◉栽培蔬菜的想法——6

得到種子、肥料、農具的方式

能夠買到蔬菜種、苗的地方是園藝店、種苗店、農會的販賣店、百貨公司的園藝品賣場等處。另外，由於種苗公司也有辦理通信販賣，所以也可以依照其目錄以郵購方式訂購。由於在家庭菜園中需使用的種苗並不多，所以請多利用以小袋分裝販賣的種苗。

肥料及農具等也是在園藝店和種苗店購買。由於農具的價格高低不一，所以請依自己的預算購買。

如果在栽培上有任何問題，請到附近的園藝店或種苗店詢問。

可在廚房裡栽培的芽蔬菜

從剛發芽的雙葉開始，到本葉二～三枚的小型蔬菜，稱為芽菜，常作為料理的配菜。

小蘿蔔

將蘿蔔的種子厚厚密密地播下去，使其密密地生長。有一點辛辣之味能促進食慾。

芽蔥

使蔥發芽而成的東西，加在料理中，有點藥味，使用在沙拉等，是一種漂亮的綠芽。

芽紫蘇

紫蘇之雙葉。紅紫蘇的芽稱為紅芽，青紫蘇的芽稱為青芽，常作為高級料理的配菜。

第二章　春天的蔬菜園

終於開始期盼已久的蔬菜種植

先從簡單的著手罷！

蘆筍 ●百合科

■**原以觀賞用植物傳來的**

原產地在地中海沿岸。在埃及，從古代就開始栽培了。原為觀賞用，因為其擁有羽毛般柔軟的葉子，所以其中有幾種品種到今天仍是做為觀葉植物，而受到喜愛。

蘆筍

栽培重點

■用大株的栽培，收穫量較多。
■開始2～3年先不收成，培養株的大小。
■7～8年後，開始分株。
■難易度為初級。

白蘆筍是當春天盧筍發芽時，不讓它見到陽光，防止其綠化（使其軟白）而來的。

蘆筍的品種不多，而最常被家庭菜園選用的就是「如利佛尼亞五○○」（綠蘆筍）。由於蘆筍在收穫後的數日，其味道特別好，所以很適合自己栽培食用的蔬菜。

■**數年內使其根株長大**

在家庭菜園內不需太多株，可以將它們分株後，再插進去。雖然也有人直接播種的，但一般是先將種子撒在箱子中，培育半年左右，再移出來定植。直接播種的情況，是先放入堆肥，然後隔了十㎝左右的間隔土，再以十㎝為間隔，一個地方撒下二～三粒，最後再覆蓋上三㎝左右的土。發芽後，將太擁擠的地方拔掉，大約間隔十㎝一株。

播撒在箱子裡時，由於其發芽需要二十

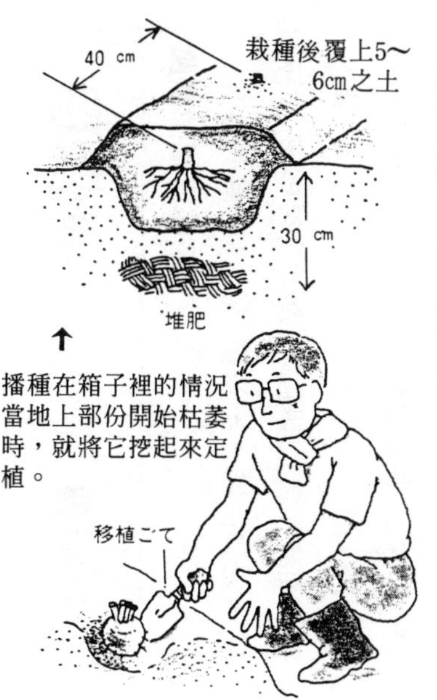

↑

播種在箱子裡的情況當地上部份開始枯萎時，就將它挖起來定植。

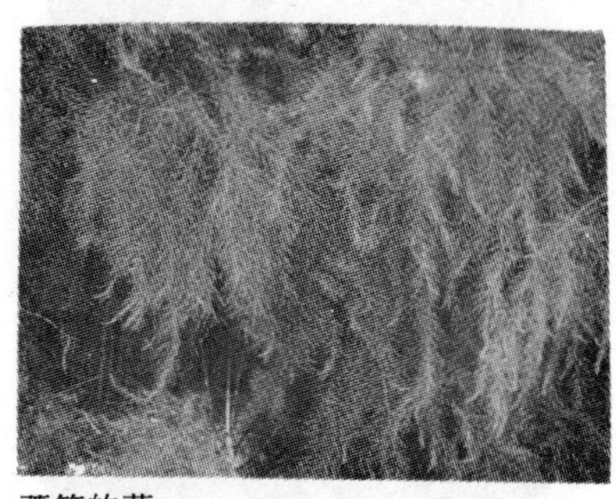

蘆筍的葉

培植白蘆筍時，使它軟白

日左右，所以可以分為二～三回將太擁擠的拔除，使其順利生長。初冬時間，如果地上部份會枯萎的話，就把它掘出來，挖一個深三十㎝左右洞穴，每株間隔四十㎝左右，將其定植。定植之時，要給予元肥的堆肥。

■收穫從三年後開始

定植後的二年內暫時不收成，使其株長大。夏天裡進行二次堆肥或化成肥料之追肥，另外在二月時也進行一次。進行追肥時，請離各株四十～五十㎝。第三年的五月起就可以收穫。嫩芽長到二十㎝左右時，可以從地面切斷。收成約進行二十日，之後，再將已冒出芽的株插排好，為第二年做準備。

月	播種○ 種植●	收穫■
3		
4	○	
5	○	■
6		■（三年以後）
7		
8		
9		
10		
11		
12		
1		
2		

右表將一個月分為上旬、中旬、下旬。所以請注意○與■的位置。○如果時間太短就收成的話，會太硬，所以請培育到一定的大小後再收成。

四季豆 ●豆科

■有藤種味道好

其品種有二〇〇種以上，實在是很多樣化的。但是被化分為「有藤種」與「無藤種」二種。

四季豆的特徵是喜歡溫暖的氣候，不能抵抗寒冷。發芽溫度在二十～二三℃，十℃左右的低溫或三十℃以上的高溫就不行。種子於四月下旬時播種，在寒冷的地方有必要作隧道。

有藤種需要畝寬七十㎝，株間四十㎝，一個地方撒五～六粒種子，等到發芽後再拔除多餘的，使成二株。元肥大多是利用堆肥、油粕、草木灰等等。上覆三㎝左右的土，為了防止乾燥，可舖上麥桿，發芽後請立刻取掉。

和無藤種比起來，有藤種的栽培期間為三個月，似乎太長了點，但由於長時間收穫，味道也較好。七月下旬～八月上旬即秋天播種的四季豆，由於收穫時氣候已轉寒，而自有一種獨特的味道。

■陽台上也能栽種的無藤種

有藤的四季豆

栽培重點
- ■對低溫及高溫無抵抗力。
- ■多施點元肥。
- ■無藤種在陽台上也可以栽培。
- ■難度為中級，不可連作。

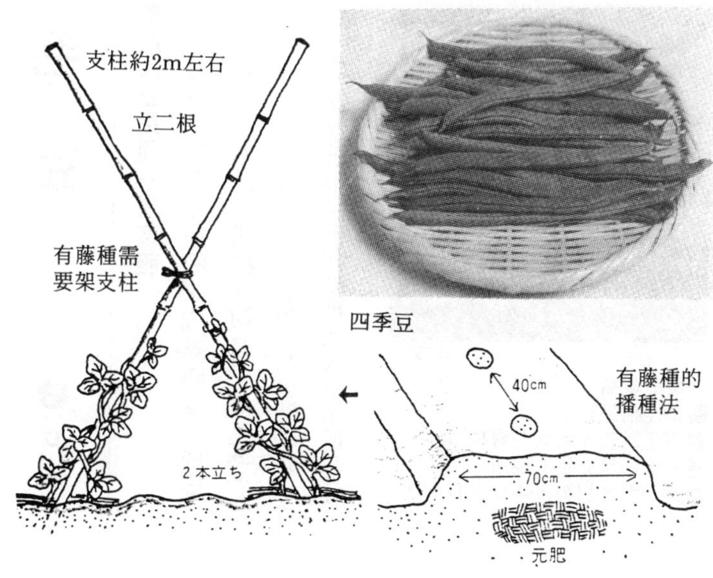

四季豆

無藤種較矮小，栽培期間只需要五十～六十日，也不需要支柱，所以在陽台上也能栽種。畝寬四十cm，株間二十五cm，一個地方撒四～五粒種子。

雖然不太會有病蟲害，但仍要注意一下蚜蟲。另外，由於豆科的蔬菜大都要避免連作，所以四～五年的輪作方式將可期待較多的收穫。

月	播種○	種植●	收穫■
3			
4	○		
5	○		
6			■
7	○		■
8	○		
9			■
10			■
11			
12			
1			
2			

▶右表為無藤種的情況○未熟果可作為莢四季豆來利用。是富含維他命A、C，及鈣的營養蔬菜。

毛豆

●豆科

■與大豆是同一種東西

毛豆是將大豆在尚未成熟時就收成而來的東西，原本是一樣的。但是毛豆是將它連豆莢一起摘下來，所以從很久以前開始，就漸漸地被分為毛豆用的品種與大豆用的品種。

毛豆

栽培重點

- ■要控制氮肥。
- ■開花期若太乾燥花會掉落。
- ■選擇日照充足的場所。
- ■難易度為初級，不能連作。

毛豆富含蛋白質、維他命B_1、C，鈣的含量也很多，所以是一種夏天的營養源，不可或缺的蔬菜。品種根據生長的時間分為極早生、早生、中生、晚生等等。由於毛豆的收穫時期很短，所以若將這些品種挪開一點來播種的話，就可增長收穫期間。

土質不太需要選擇，肥料也不需太好。在豆科植物的根部有根瘤菌，能補給氮素，因此對氮肥要稍微控制一下。

不需要堆起田畝，放入堆肥後，株間距約二十㎝，以點播的方式，各約撒二～三粒。覆上五㎝左右的土。當本葉長到二枚的時候，就拔去多餘的，使各點皆為二株。

如果你擔心直接播種其種子會被烏鴉、鴿子等野鳥吃掉的話，也可以先播種在盆子或箱子裡來培育，這樣就沒問題了。另外也

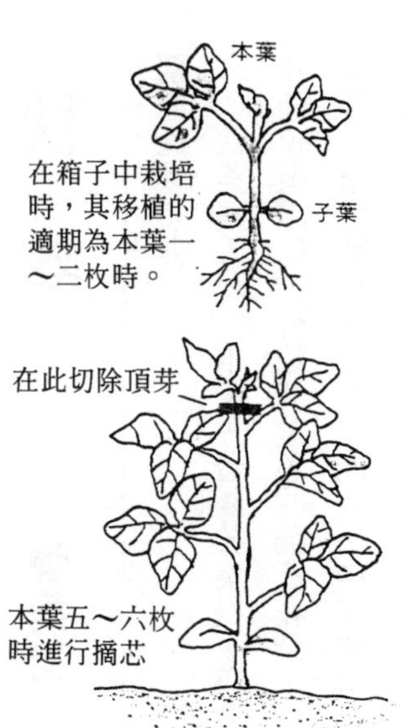

一枝一枝地收成

開花時在根部鋪上麥桿防潮濕

可以使用防鳥網。

本葉長到五、六枚時，為了增加收穫量，可以把芯摘掉，使其長出嫩芽。另外，在開花期也要特別注意避免乾燥。可以在根部鋪上麥桿以防止表土的乾燥。

■以株為單位來收穫，以保持新鮮度

雖然不太會有病蟲害，但還是要稍微注意一下蚜蟲。另外，不論是什麼蔬菜，都要注意勿使其乾燥。

當豆莢鼓起，一壓子就飛出來時，就是收穫期了。一株一株地收成較能保持其鮮度，而在家庭菜園中也可以收成一些豆莢。

月	種植● 播種○	收穫■
3		
4		
5	○	
6	○	
7		■
8		■
9		
10		
11		
12		
1		
2		

●若是直接播種，請在本葉長成之前都蓋著防鳥網或寒冷紗。

秋葵

●葵科

■原產地是非洲

秋葵與芙蓉、木槿等皆屬於葵科，因此花朵也很相似，皆是淡黃色的美麗花朵，一朵接一朵地開放。一大早開花，中午時分就枯萎了的一日花。

秋葵

栽培重點
■喜好高溫
■通路（畝間）亦要施肥。
■果實要盡快收成。
■難易度為中級。不能連作。

其原產地是非洲東北部的高原地帶——衣索比亞，因此喜好高溫。由於其營養價值高，又有獨特的風味，所以最近多被種植。

■避免移植

若是日照充足，排水良好的話，土質則可不太選擇。較喜高溫不喜寒冷，故不能在十℃以下栽培。由於其為直根性，根會伸入極深，故需避免移植。雖然也有人使用播種在盆子裡的方法，但是最好是直接播種，以覆蓋栽培法提高地溫就沒問題了。

要以在肥料中種植似的心情，充份地施肥。播種要等氣溫稍微上升，故要稍稍晚一點，在五月上旬～中旬時進行。這樣的話以後的生長就會順利了。為了要使種子較容易發芽，先浸一晝夜的水，約間隔六十㎝各撒三～五粒。當本葉四～五枚時拔除多餘者，

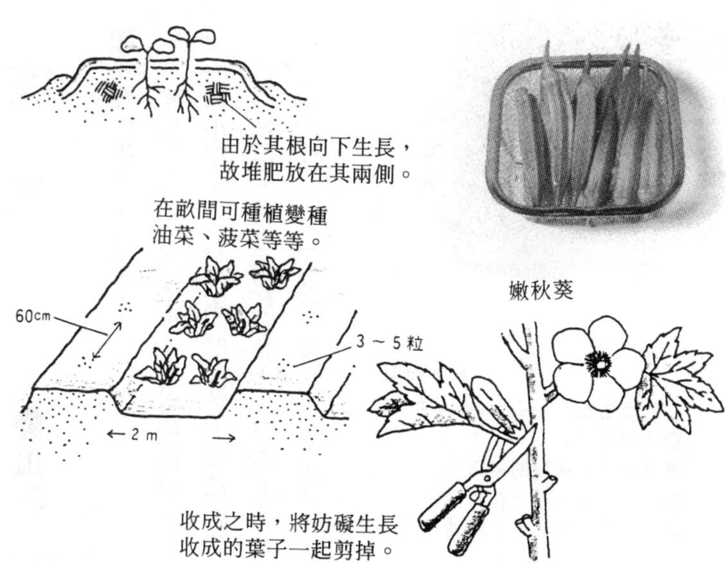

嫩秋葵

各剩一株。長成以後，會比人的身高還要高，所以間距要盡量留大一點。在氣溫上昇之前不太會長大，所以可在其間隔中種植一些菠菜或是變種油菜。

■蚜蟲的最愛

由於很會長蚜蟲，從還是苗的時候就要非常注意。開花後五～六日，莢與大拇指一般大時就可以了。太大的豆莢會很硬，不能吃。收成之時，可將會妨礙的嫩枝一起摘掉。另外，由於碰到其樹液會使皮膚發炎，所以在收成之時請戴上手套。

月	3	4	5	6	7	8	9	10	11	12	1	2
播種○ 種植●			○○									
收穫■					■	┃	■					

●這是一種花也會令人期待的蔬菜。但由於收穫量較少，請多種幾株。

南瓜

●瓜科

■粉質的果肉是為主流

南瓜分為粘質的南瓜、粉質的南瓜，以及一些小型、呈各種不同形狀的培波南瓜（玩具南瓜）。在西洋蔬菜中，最近經常被使用的一種ZUCCHINI（細長的夏南瓜），也屬於培波南瓜的一種。現在的主流則是配種而成的F_1（一代雜種）。

其原產地為中美以及南美北部，性喜高溫以及乾燥的氣候。南瓜的性質極強，因此常會在河堤或垃圾場中發現自生的南瓜，在元肥之外，只要再使用磷酸稍多的肥料，稍微追肥一下即可。

可以堆成小山狀的畝來栽培，而使用一般的畝亦可。健康的株其發芽的情況就像是蛇抬起鎌刀般的頭，在田地中遊走似的。由於需要廣大的面積，因此在小型的家庭菜園中，二～三株已是極限了。

日本南瓜

栽培重點

- ■控制氮肥。
- ■選擇日照充足的場所。
- ■不要用同株的雄花來受粉。
- ■難易度為中級。不能連作。

■性喜日照

當氣溫已完全回昇的四月上旬～下旬，選一個日照充足的場作，施放元肥，株間間隔九十㎝，一個地方各撒三粒種子。為了保

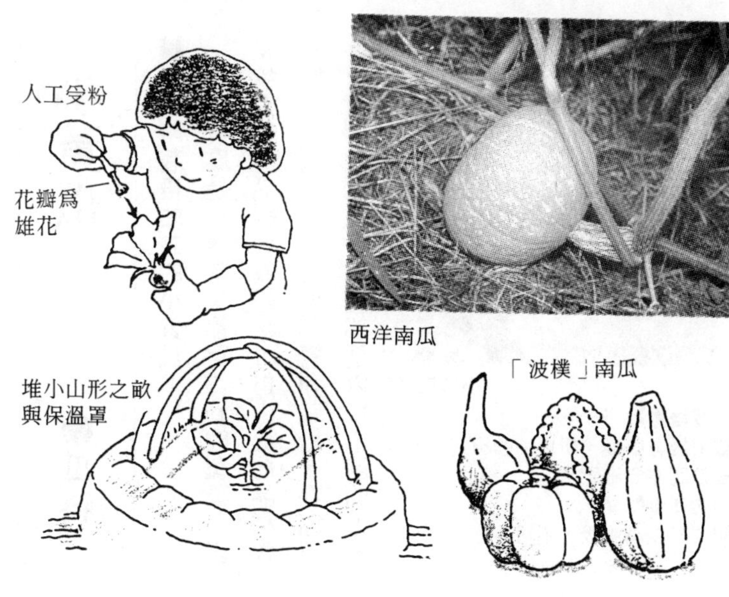

溫，請蓋上保溫罩，至五月下旬，葉子長出很多後，再拿掉。另外，在這期間，將多餘的拔掉，使其一處一株。

本葉長到四～五枚時，就將本藤的芯摘掉，使其長出子藤，在長出的子藤中，選幾株勢態較好的留下來。在第一個果實尚未長出來之前，所有的嫩芽都要在小的時候就摘除。當雌花一開放，就可用別株的雄花之花粉來進行人工授粉。

氮肥若是過多，株會長的過大卻不長果子。要追肥時，當第一個南瓜長出時，在離根部二十cm左右之處，稍稍放入一些雞糞。受粉後約三十日，當果皮變硬即可收成了。

月	3	4	5	6	7	8	9	10	11	12	1	2
收穫■					■	■						
種植●												
播種○		○○										

註・摘芯　主要是為了使其長出嫩芽，而將植物的頂芽拔除。

●好吃的黃瓜極重，皮硬且有光澤。

小黃瓜

●瓜科

■春天時栽培站立的小黃瓜

小黃瓜是一種常年都買得到的蔬菜，表皮較柔軟的品種較為好吃，但由於此品種較不能放，因此都不被作為營利栽培，在店裡販賣的小黃瓜，大部份都是以接木苗的方式栽培，可是就不太好吃了。由於對一個家庭來說三～四株就非常足夠了，因此是一種絕對想種種看的蔬菜。

小黃瓜

栽培重點
■由於有藤蔓，所以怕強風。
■畝間亦要施肥。
■勿使土乾燥。
■難易度為中級，不可連作。

小黃瓜的栽培法有兩種，一種是使藤蔓纏繞在支柱上的站立法，一種是使藤蔓在地面上爬行的爬行法。後者是在夏天播種的。小黃瓜的幼苗不太能抗拒低溫，因此不要太早種植就沒有問題了。直接播種時，畝幅寬約九十cm，株間間隔九十cm，每處各撒三粒種子，最後覆上一cm左右的土。作為堆肥的元肥要淺淺寬廣的施與。小黃瓜是喜愛多肥料的，但是如果施太多了也會導致病害，請多加注意。

當本葉長到三～四枚時，就拔除多餘的，使一處一株。如果藤蔓伸出來時，要固定好支柱，讓藤蔓纏繞。在下部長出的嫩芽會

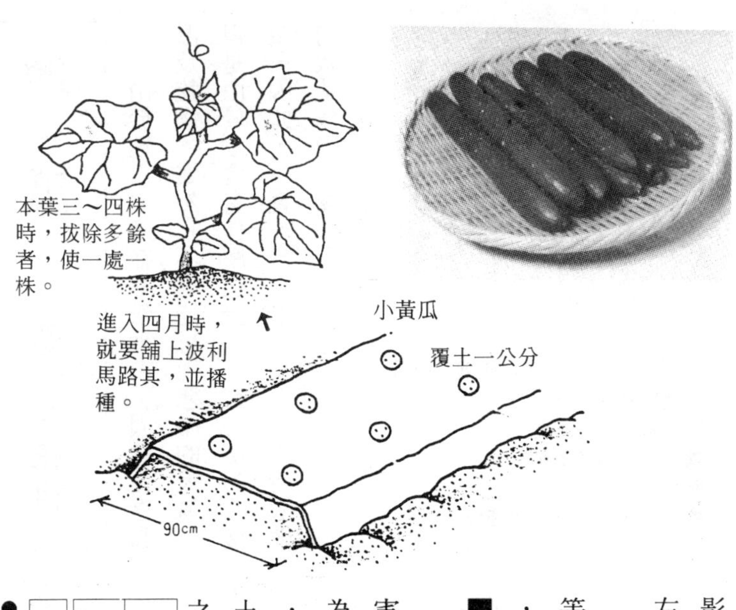

影響主枝的生長必須拔除，在整株長到二m左右長度之前，都不需進行摘芯的工作。

當幼小的時候，長出來的果實，也不要等到太成熟才收成，在還小的時候就摘下來，這樣以後才會長較多的果實。

■容易種植的爬地小黃瓜

爬在地上的小黃瓜品種，對暑氣及病蟲害較有抵抗力，又不需要架支柱，因此被認為比站立的小黃瓜容易種植。在六月時播種，十月後就能連續收成了。為了不使果實被土弄髒，可以舖上麥桿。果實喜愛長在葉蔭之下，請勿太晚收成。

月	種植● 播種○	收穫■
3		
4	○	
5	○	
6	○	■
7	│	│
8	○	■■
9		│
10		■
11		
12		
1		
2		

●在強風的地方，為了防風，可在小黃瓜旁種玉米。

地瓜

●牽牛花科

由於地瓜原產在熱帶地方，因此性喜高溫及乾燥。雖然它不太能抗拒寒冷的天氣，但是由於不會有什麼病蟲害，有一定的收穫量，因此，一直被當作旱災及飢餓之時所備的救荒作物，極受重視。

「紅東」地瓜

栽培重點
- ■最適合砂質土地。
- ■不要放過多氮肥。
- ■堆肥時勿埋太深。
- ■難易度為初級。可連作。

■在高畝上培育

由於地瓜不喜歡濕地，因此要作成二十～三十㎝的高畝，使排水艮好。畝幅為四十㎝，施與堆肥及草木灰作為元肥。施肥時以元肥為主，當藤蔓長的不好時，在施與少量含鉀鹽份量較多的肥料，不用進行追肥。在砂質的土中能生長的較快，可種出好吃的地瓜。

可在五月上旬時買入市面上販賣的菜苗，請選擇節間較短，節數七～八節的粗苗來種植。讓苗與畝的表面平行，臥睡的方式，每三十㎝為間隔來種植，絕不可種太深。如果買不到苗的話，可種植種瓜，將其長出來的芽割下來，就可當作苗來使用。過了二週左右就會生出新根。地瓜是塊根，就是在根中貯藏大量澱粉而肥大的東西。

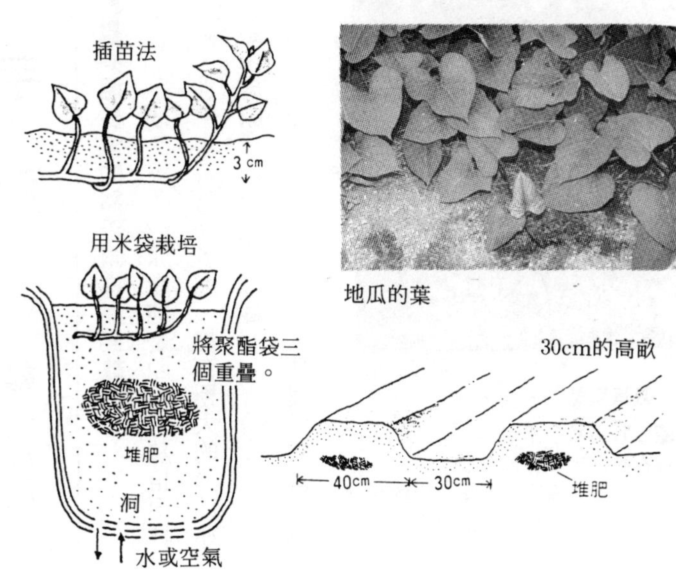

地瓜的葉

■太肥的土會使地瓜長不大

據說地瓜在不太含養份的土地中會長的比較好。如果氮素太多的話，就只會生長莖和葉，塊根反而不肥大，變成所謂「呆藤」的狀態了。

到收成之前，不太需要什麼工夫，在六月及七月的中旬，拔拔雜草，將畝間淺耕，集中土壤。

八月時，掘進去看看，以確定地瓜的生育狀態。正式的收穫期是十～十一月，地瓜長得很大之時就可進行收割了。

月	收穫■	種植●	播種○
3			
4			
5		●	
6		●	
7			
8	■		
9			
10			
11	■		
12			
1			
2			

註・高畝　主要是為了使排水良好，而將土堆高。
●使用米袋或大聚酯袋來栽培地瓜，也很有趣

芋頭

●芋頭科

■**高溫多濕的熱帶雨林為其故鄉**

芋頭（里芋）原產地是亞洲的熱帶雨林區，性喜半日陰、多濕，擁有極大的葉片亦是由於原產地環境的影響。

芋頭分為許多品種，吃其塊根的當然不用說，另外還有利用其葉柄的蓮芋，也有吃其母莖的「八頭」等等。料理之時有不削皮直接煮的，也有蒸了之後剝皮作為湯類、煮物的內容，但是現在已不太受歡迎了。

芋頭的葉

栽培重點

■性喜高溫多濕。
■在酸性土中也能培植。
■要進行二次中耕及集中土壤。
■難易度為上級。不能連作。

■**栽培的株數要少**

由於夏天很乾燥，一般的田地中種不出好吃的芋頭。因為芋頭的葉子很大，又佔地方，所以不要種太多株，這樣才能對灌水等工作完全地管理到。

三月下旬～四月上旬時，將完熟的堆肥當作元肥施與，將種芋之芽向上，種在五公分深之處。畝寬八十cm，株間隔六十cm，畝間要間隔二m以上，儘量使其寬廣。為了防範線蟲，請選擇前作是變種油菜或白菜等冬季蔬菜的田地。

■**使用覆蓋栽培法**

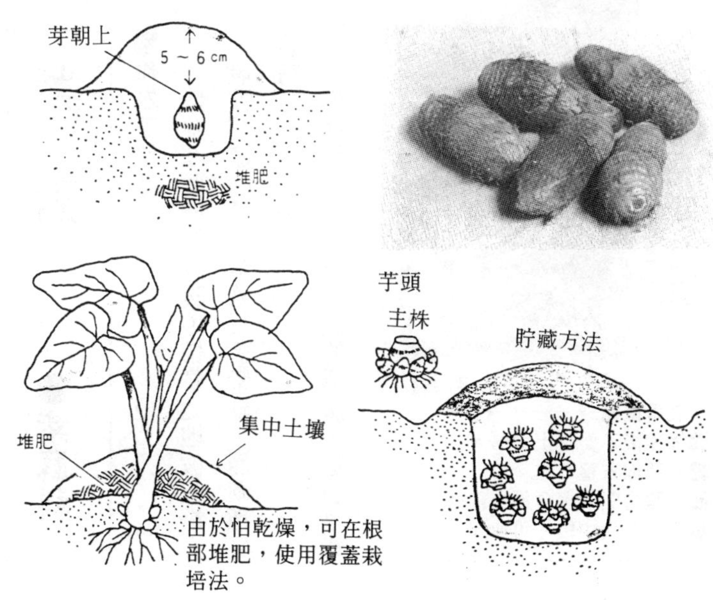

由於怕乾燥，可在根部堆肥，使用覆蓋栽培法。

種植後，為了防止乾燥以及提高地溫，請用黑色的聚乙稀薄片來作覆蓋栽培。等到嫩芽長出後，請用剪刀將纖維絲切斷。重複進行乾燥防止及堆肥的工作，也可以將堆肥等有機物置於根部。五月下旬及六月下旬要作中耕及集中土壤。

在土中會有一些害蟲吃芋頭的莖，將其捕殺就沒問題了。雖然從八月開始就可以收穫，但正式的收成要從十月開始。但是在十一月的降霜之前最好全部掘出來。收成的芋頭切口愈下愈好，是在土中深埋貯藏的。

月	種植● 播種○	收穫■
3	●	
4	●	
5		
6		
7		
8		■
9		┆
10		■
11		■
12		
1		
2		

●由於是塊型，所以葉莖如果不長大一點的話，芋頭也長不大。

紫蘇 ●紫蘇科

■作為藥用而栽培

紫蘇在亞洲的溫暖地帶廣泛地被栽培。一般被種植的是紅紫蘇及藍紫蘇，而兩種又各有普通葉及縮葉。

根據用途不同有不同的稱法，這也是紫蘇的一個特徵。作為藥來使用，本葉只有二枚的芽紫蘇，作為天然色素及炸蝦、生魚片的佐料用的葉紫蘇，又有作為料理的陪襯用的花穗或穗紫蘇，其果實也是作為藥用。

栽培法很簡單，又可以連作，所以在家庭菜園的角落裡種幾株就可以了。另外，也適合在陽台上種植。

播種在箱子裡。在箱中放入七成的赤玉土，與三成的腐葉土，間隔七～八㎝畫一長條，以直線的方式播種。由於其種子有好光性，所以如果覆土太厚不會發芽。播種以後不要播動，用板子輕壓即可。適當的時候，就可以把多餘的拔掉，本葉五～六枚時就可以定植了。在發芽之前需要一些時間，其後的生長也很緩慢，直接播種時要小心雜草。另外，由於怕乾燥，在土濕潤之時播種，在

紅紫蘇

栽培重點

■播種後不要覆土太厚。
■一個地方種二株。
■日照時間太短會長出花穗。
■難易度為中級。可連作。

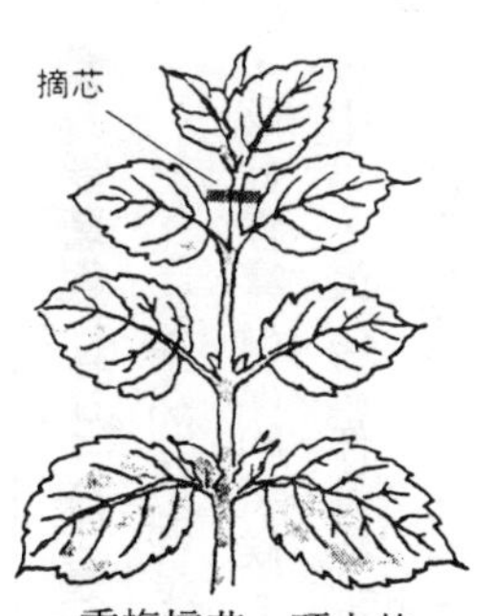

重複摘芯，頂上的葉要摘下三～四枚

藍紫蘇

芽

葉

花穗

紫蘇的果實

發芽之前要不斷灌水，保持土濕。

■紅紫蘇要選擇日照充足的場所

藍紫蘇在半日陰下也可以生長，但是紅紫蘇若是不在日照充足的情況下生長，其顏色就不好。隨著其生命，不斷地拔除多餘者，直到最後每株約間距三十㎝。肥料不太需要，但在種入時要將堆肥從空隙施入。

由於紫蘇從芽開始就可以使用，所以請依據利用之目的一一收成。葉紫蘇在本葉十枚以上就可以收成了。剛開始時要重複進行摘芯，從頂上開始，摘下三~四枚即可。

由於常常會長蚜蟲，在苗還小的時候，請多注意。

月	3	4	5	6	7	8	9	10	11	12	1	2
播種○		○	○									
種植●			●	●								
收穫■					■	■	■	■				

○種過一次後，第二年留下來的種子發芽、生長，較強壯。

馬鈴薯

●茄科

■馬鈴薯與Jacatra芋是不同的植物

Jacatra芋的故鄉是南美的安地斯山脈，因此性喜冷涼的氣候。傳到歐洲是十六世級中葉，最初是作為觀賞用的花。

Jacatrb芋是Jakarta芋（雅加達芋）的轉音。雖然也有人將它稱為馬鈴薯，但其實Jacatra芋與馬鈴薯是不同的植物。

有名的品種有「男爵」「五月女王」等早生種及「農林一號」等晚生種。

右為「男爵」，左為「五月皇后」

栽培重點

■使種芋照射陽光，使其綠化。
■感染了濾過性病毒的株要燒掉。
■肥料施少一點。
■難易度為初級。不可連作。

■選擇大一點的種芋

請選擇可以分成二個的大種芋（一三〇克左右），將頂端多芽的部份切掉。以前曾習慣在其切口處撒上灰，但其實一點效果都沒有，不論如何都會從此處開始腐敗。將種芋切開後，放置數小時，讓切口乾燥較好。也可使用市面上販賣的種芋。

畝寬六十㎝，每間隔三十㎝將種芋之切口朝下種入，好像要使它長出強壯的芽似地，以腳用力踩下去。要是田地中還有餘裕的話，儘量使畝寬與株間隔更寬廣。

■培育莖與葉

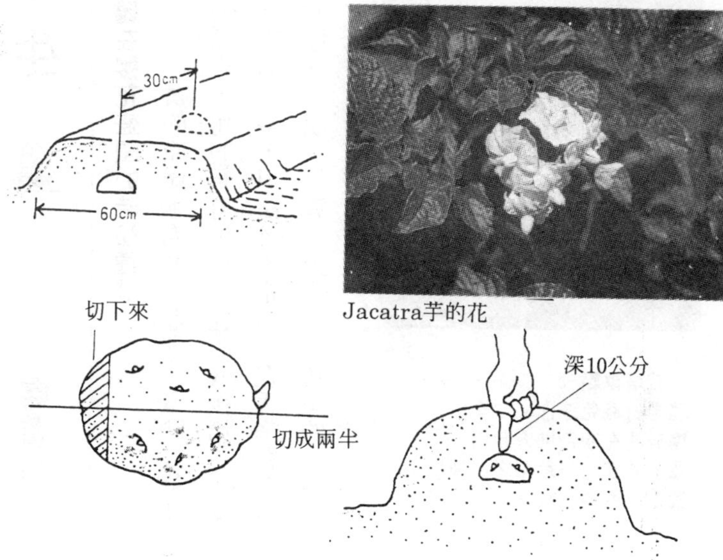

Jacatra芋的花

由於Jacatra芋是地下莖，所以其培育法是以葉莖菜為基準。使用的土也以田中的土那樣重一點的土較好，勿使用砂質土。

由於性喜酸性土，故勿使用消石灰、苦土石灰等。在株間堆肥作為元肥，使用化學肥料的話，只要用硫安就能長的很好了。

芽長到十cm左右時，只將最健康的二枝留下，其餘都從土裡切斷。

由於Jacatra芋是茄科，故不可連作。但可考慮與茄子、番茄、青椒等輪作，以有效利用田地。收成是在莖葉枯萎的七月，在梅雨季間的晴朗日子進行。

月	播種○　種植●	收穫■
3	●—●	
4		
5		
6		■
7		■
8		
9		
10		
11		
12		
1		
2		

●Jacatra芋喜愛陽光，因此種疏一點的話，會增加收穫量。

生薑

●薑科

■在櫻花盛開的時節種植

生薑的原產地為熱帶亞洲，筆狀或錨狀的葉薑，旬的新薑，以及在收成後第二年才上市的老薑，用法各不相同。在香辛料不足的地方來說，可算得上是貴重蔬菜的一種。

生薑

栽培重點
- ■絕對避免連作。
- ■無法在寒帶地方栽培。
- ■不要在茄科蔬菜之後種植。
- ■難易度為上級。不可連作。

品種只有大中小的差別，並不太多。

薑種約在四月左右就會出現在種苗店的店頭。種植的時期約在四月上旬～五月上旬，地溫已充分上昇的時候，每二十㎝為間隔，種植深度約五㎝。把堆肥從空隙間施入。太早種植會在地裡腐爛，因此請注意種植的時間。生長的適溫是二十五～二十八℃，從其原產地看來就不難想像其喜愛高溫多濕的天性。但是如果排水不良的話又會腐爛，真是不好對付。到發芽之前要花上一～二個月，其後的生長也很緩慢，要多除草。

■夏天時要鋪上麥桿

生薑是很怕乾燥的蔬菜，因此在梅雨季節過後，要在根部鋪上麥桿，在特別乾燥的時候可以進行灌水。五月及七月時施與草木灰，輕輕地將土壤集中。

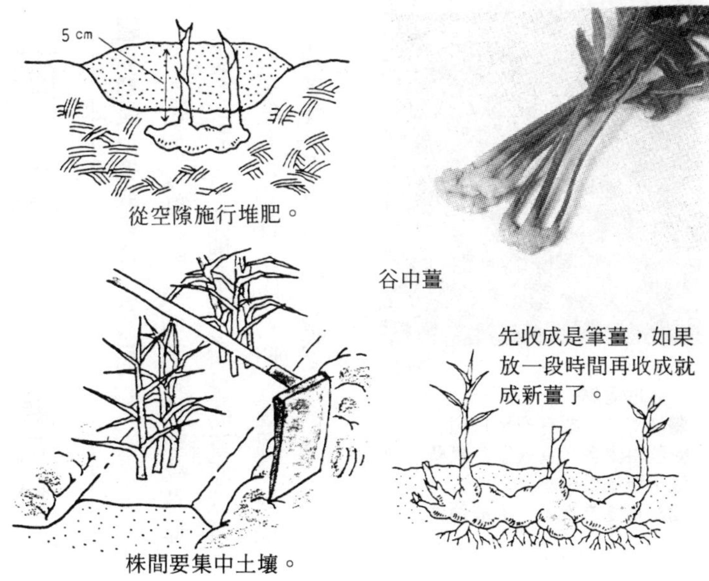

從空隙施行堆肥。

谷中薑

先收成是筆薑，如果放一段時間再收成就成新薑了。

株間要集中土壤。

■能解消夏日食欲不振的葉薑

筆薑在七月下旬，莖的粗度約一cm左右時就可以從根部折下，收成。葉薑是筆薑及與筆薑如錨一般相連之谷中薑的總稱，據說是夏季食慾不振的特效藥。新薑的收成期是秋天。在降霜之前結束收成。

由於生薑很怕線蟲，所以請勿作為容易產生線蟲的茄科蔬菜的後作。

月	播種○　種植●	收穫■
3		
4	●	
5	●	
6		
7		■
8		│
9		│
10		│
11		■
12		
1		
2		

●生薑汁加上葛粉湯而成的薑湯，被人們認為可治療感冒。

西瓜

●瓜科

■最初是以採取其種子為目的

西瓜的故鄉是非洲的熱帶稀樹乾草原（Savanna），此地帶為少雨量的草原地帶，西瓜的栽培條件——多日照、高溫、乾燥，其實就是它原產地的氣候。

西瓜

栽培重點

■勿密植，要有充足日照。
■肥料太多，就成了「呆藤」。
■土壤儘量深耕。
■難易度為上級。不能連作。

已有數千年栽培的歷史，當時是以吃它的種子為目的。其果肉在當時似乎被認為是一種低級的食物，甚至有被用來收集家中蒼蠅的悲慘用法。

西瓜的收成極受天候的左右。單位面積的收穫量很少，對面積狹窄的家庭菜園來說，也是極大的負擔。如果不接枝，直接以自根培育，其輪作的間隔需要十年。再加上有各種病蟲害，更要提防在收成之前被烏鴉搶走。就因為這樣，收成的喜悅特別大。可以用葫蘆的根作為基座來接枝，但是請向美味卻較高難度的自根栽培挑戰看看。

■櫻花一開放就播種

接枝的情況，在五月上旬才種入，而直接播種的話，在四月中旬就是播種時刻了。使用鞍築來堆肥，撒三粒種子，蓋上保溫罩

接根時，勿把根土弄掉，種入。

小玉西瓜

拿掉花瓣的雄花花粉，給雌花的雌蕊受粉。

人工受粉

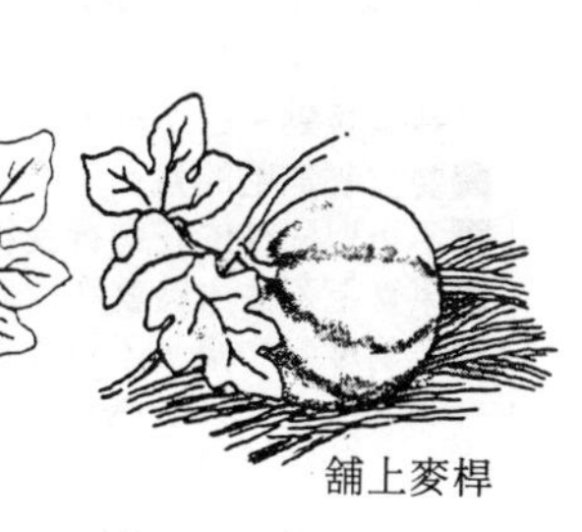
舖上麥桿

。五月中，瓜苗長大時，就把保溫罩除掉，拔除多餘者，剩下一株。

主藤之外，再長出第一枝子藤與第二枝子藤，葉子不要重疊，讓它長的愈廣愈好。

■受粉後五十日即可收成

雌花開了以後就可進行人工受粉，將受粉之日寫在標籤上，再把標籤綁在藤上，作為收穫日的標準。當果實長到直徑三～四cm時，在離株元稍遠之處，施以酸分較多的追肥。藤蔓長出後，為了不使果實受汚，可分二～三次舖上麥桿。

月	播種○ 種植●	收穫■
3		
4	○	
5	●	
6		
7		
8		■
9		
10		
11		
12		
1		
2		

●為了保持西瓜的原味，請使用自根栽培，並且勿使用覆蓋栽培法。

夏南瓜

●瓜科

■玩具南瓜的一種

形狀像小黃瓜，口感及味道像茄子，是玩具南瓜的同類。從夏南瓜被介紹開始，玩具南瓜反而又開始受到注目。

它的正式名稱是為Italian・vegetable・mallow，而Zucchiui則是其義大利名。在法國南部或義大利經常可以吃到的，與茄子一起煮的南法料理，就是一種廣為人知的夏南瓜料理。將長二十cm左右的未熟果直接加熱調理即可。也有連花一起收成，利用的情況。

夏南瓜

栽培重點

- ■要控制氮肥的量。
- ■不可以同株的花進行受粉。
- ■果實還不太大時就要收成。
- ■難易度為中級，不可連作。

●一定要種二株以上

它的外觀雖然看起來像較粗的小黃瓜，也同樣是瓜科，但由於夏南瓜是與南瓜同屬，所以其栽培法是要以南瓜為基準。為了防止同一株開的花互相受粉，一定要種植二株以上。

四月上旬時，作一個高約十五cm的畝，以四十cm為間隔，一處各撒三粒種子。覆上三cm的土，不用蓋保溫罩。等本葉長到二～三枚時，就可以把多餘者拔除，各處剩一株

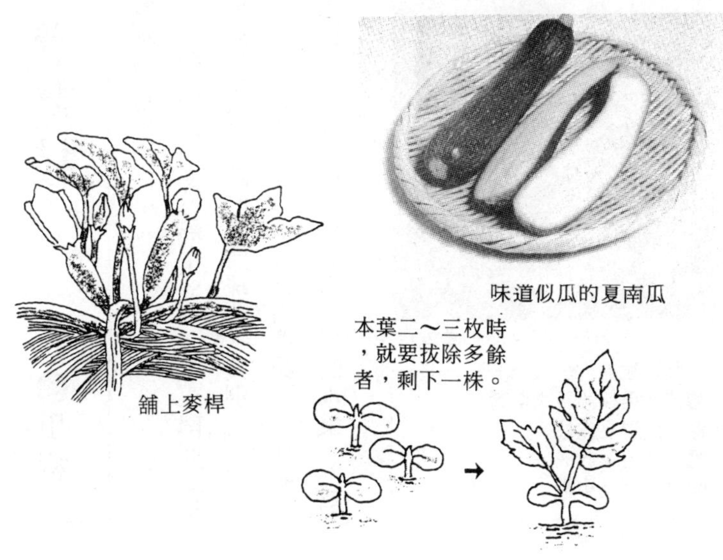

味道似瓜的夏南瓜

舖上麥桿

。由於不會長出藤蔓，所以不需要像南瓜那樣摘芯。雌花一開放，就用別株的雄花花粉來進行人工受粉。為了不使弄髒或生病，梅雨期時舖麥桿也是不可少的手續。

先播種，然後堆肥，但不需要追肥。當第一個果實稍為長大之時，就施與少量富含磷酸的肥料。

■早一點收成

開花後，過一週左右可以收成。長二十cm，直徑三~四cm是為標準。如果太早收成的話，會有苦味，但是若長太大而收成的話，對以後的種植會有不好的影響。

月	3	4	5	6	7	8	9	10	11	12	1	2
播種○ 種植●		○	○									
收穫■					■	■						

●英文名字是Sguash，即是南瓜。

蔓茘枝 ●瓜科

■別名苦瓜

蔓茘枝原產於熱帶亞洲。在東南亞是足以與小黃瓜匹敵的重要蔬菜。其別名為苦瓜，正如其名，有一種獨特的苦味，全身佈滿疣疣突起，外形很像無患子科的水果——茘枝，因此命名為蔓茘枝。

其藤蔓會長四m那麼長，因此，許多家庭就在庭院中搭起棚子，正好也可以遮蔭乘涼。果實也有長到長五十cm的大型果實，一般則是長十五~二十cm，成熟後就像石榴那樣從尖端割開，會露出正紅色的種子。

琉球的一種料理——高野芹菁，就是用大型的蔓茘枝，加上豆腐、季節蔬菜及豬肉同炒，那種稍微帶苦的口感，可說是夏天琉球的代表。另外也有將蔓茘枝切薄片，作三杯酢，或是作個醃漬物……等用法。其維他命C含量是小黃瓜的十倍。

蔓茘枝

栽培重點

■苗要用保溫罩來培育。
■一定要立支柱。
■果實要早收成。
■難易度為中級。不能連作。

■要蓋上保溫罩

已經施好堆肥的田地，作成幅寬八十cm左右，每四十cm為間隔，播上四~五粒種子。播種時期為四月下旬，但由於發芽需要二

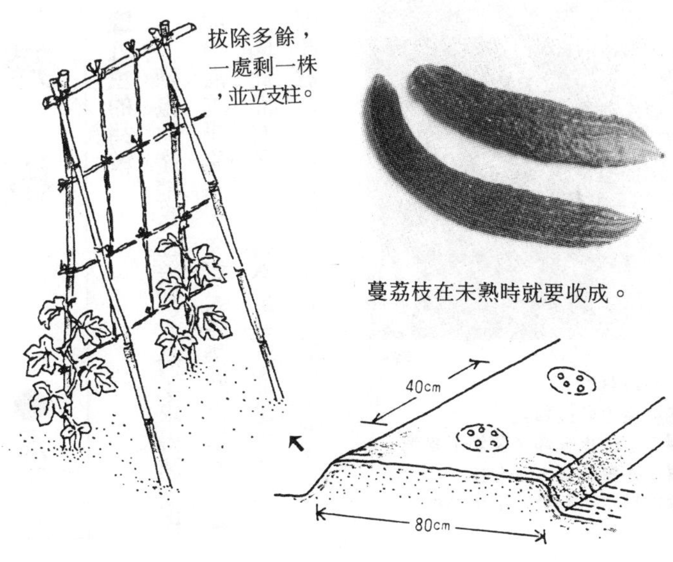

蔓荔枝在未熟時就要收成。

十℃的高溫，所以一定要蓋上保溫罩。

本葉長到四～五枚時，留下勢態最好的一株，其餘拔除，再立起支柱。主藤長到三十～四十㎝時，就用支柱導出子藤。由於會長許許多多的子藤、孫藤，所以如果有庭院的話，搭起棚子，讓藤蔓均勻生長，用來遮蔭，也很有趣。當開始長出子藤時，就在離本株稍微有一點距離之處，以含磷酸多一點的肥料，進行追肥。收成是在開花後約二十日，還幼小之時。果實一開始是綠色的，隨著其成熟會轉為黃紅色。

	收穫■	種植●	播種○
月			
3			
4			○
5			
6			
7			
8	■		
9			
10			
11			
12			
1			
2			

註・保溫罩　防止苗受寒及鳥害的帽子狀薄片。

●稍稍的苦味會使人忘記夏日的炎熱，這個味道對於琉球人來說是一種幸福。

辣椒 ●茄科

■紅色的胡椒

辣椒原產地是在美洲。為了求得黑胡椒而出海的哥倫布，從新大陸帶回來是香辛料，因此而有名，「雖然呈紅色卻是胡椒」，因此被命名為紅椒（Red Pepper）。

辣椒

栽培重點
- ■氣溫上升後種入。
- ■為了防止乾燥，要舖上麥桿。
- ■嫩芽會長到六～七枝。
- ■難易度為初級。不可連作。

辣椒的辣味成份被稱作蕪菜心，是生物鹼的一種，在「鷹爪」、「八房」等品種內含量特別多。果實中早已知道富含維他命類，然而其葉片中，不但富含維他命類，更有鐵、鈣質等多含量，可用來作小菜。

■天氣轉暖時種植

辣椒和青椒一樣，喜歡高溫，因此在氣溫上昇的五月中旬後，就可買到市面上販賣的苗，並種植之。

由於其根會淺淺地張開，因此很怕乾燥，如果土一乾燥，其生長情況就會急速惡化。梅雨季節過後，要在其根部舖上麥桿，並使用泥炭的腐植質來進行覆蓋栽培法。依據其乾燥的程度來進行灌水。

只需要從嫩芽的下部稍微切除一切，而不需要像茄子、青椒那樣必需培養三枝。五

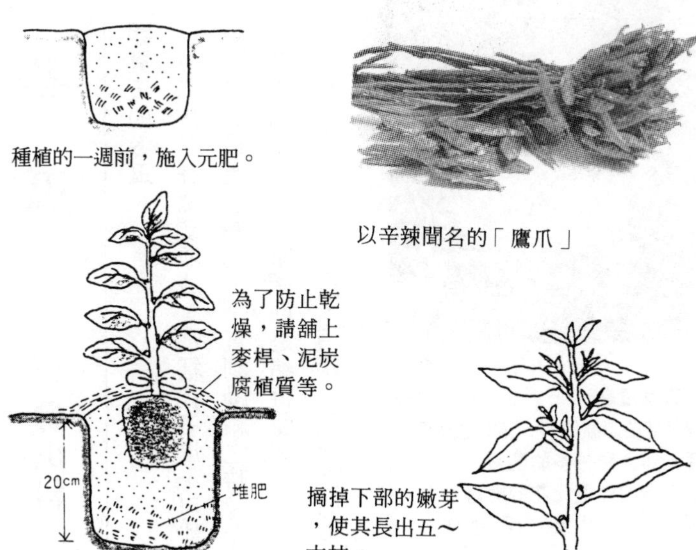

種植的一週前，施入元肥。

以辛辣聞名的「鷹爪」

摘掉下部的嫩芽，使其長出五～六枝。

～六枝，長出枝來後，就會結實了。為了增加收穫量，在七月和八月，在離本株一些距離處，以草木灰等富含磷酸分的肥料進行追肥，輕輕地集中土壤。

辣椒是利用葉辣椒來栽培，因此只需要幾株就足夠了。所以也很適合在陽台或花盆裡種植。以赤玉土（在園藝店可買）七成，腐葉土三成，淺淺地種入，前二～三日先放在日陰處，之後再移到日照充足的地方。

完全成熟變成紅色，約在十月左右。將整株拔起來，放在明亮的陰涼處使其乾燥。

月	收穫■	種植●	播種○
3			
4			
5		●	
6		●	
7			
8			
9	■		
10	■		
11			
12			
1			
2			

註・用Peatmos來進行覆蓋栽培Peatmos就是peat（泥炭）之腐植質。覆蓋栽培就是用有機質、薄片等保護作物。

●為了觀賞用的話，可種植果實呈白、紫、黃、橙、紅五色變化的五色辣椒。

冬瓜

●瓜科

■夏天的冬瓜

雖然是在盛夏收成，卻稱作冬瓜，可能是因為其最遲成熟的，一直到降霜之時還在田地中的關係吧！原產地是熱帶亞洲。

其灰綠色的大果實，鎮座在菜園裡的情形，真能令人驕傲。另外，其淡白又深邃的味道，對生病的人來說，是最好的蔬菜了。其利用範圍非常廣，可用來作濃湯、熬汁、味噌湯、拌菜、醃漬物等等，而且其卡路里量也和小黃瓜一樣，是低卡路里的蔬菜。

冬瓜

栽培重點

■發芽的適溫約20～25℃之高溫。
■施與磷酸分多的肥料。
■果實的數量比花的數目為少。
■難易度為中級。不可連作。

■直接播種

品種除了再來種之外，還有早生、琉球冬瓜、台灣冬瓜等，並不很多。

四月下旬～五月上旬時，在田地挖洞穴，將堆肥或雞糞等元肥置入，放入間隔土之後，撒下四～五粒種子。

由於發芽的溫度約在二十～二十五℃，所以需要使用保溫罩，株間間隔約一m。

發芽的苗將保溫罩擠滿了時，就留下最健康的一株，把多餘的拔去，並拿掉保溫罩。本葉五～六枚之時，就進行摘芯，使其長

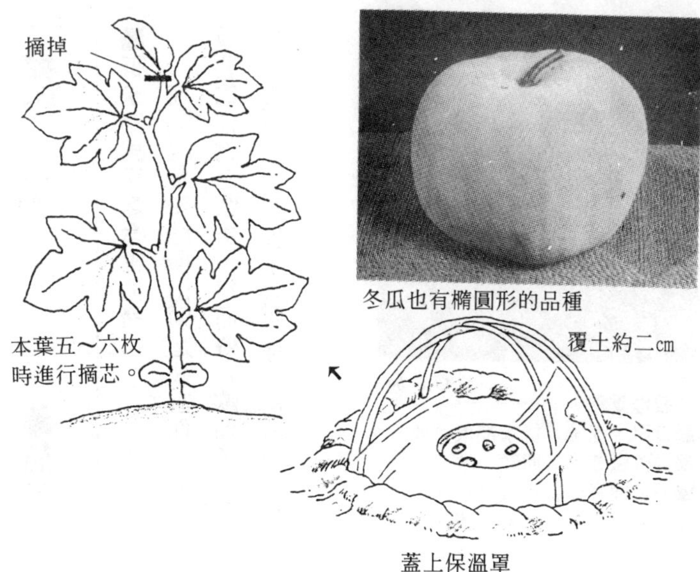

冬瓜也有橢圓形的品種

出三～四枝子藤。

■進行人工受粉，多用一點磷肥

隨著藤蔓的生長，為了不使果實受污，請舖上麥桿。和南瓜相同的是，當雌花開放後，就用別株雄花的花粉，來進行人工受粉。施肥重點是要控制氮肥的量，而多施磷肥。

受粉後，經過四十～五十日，果實的表面覆蓋一層白粉時，就是收成時期了。若是放置在陰涼的場所的話，可以從冬天貯藏到第二年的春天。

月	播種○	種植●	收穫■
3			
4	○		
5	○		
6			
7			
8			■
9			■
10			
11			
12			
1			
2			

●在歐美不被定位為蔬菜，但是其淡白的味道卻是難割捨的。

番茄 ●茄科

■低卡路里又富含維他命

在其故鄉安地斯山區是被當作一種相當重要的作物來栽培，然而傳入歐洲後，有好長一段時間都只是被視為一種「稀奇的植物」。

迷你番茄

栽培重點

■日照、通風、排水都很重要。
■摘掉嫩芽，只照顧一枝
■顏色顯好後就可收成了。
■難易度為上級。不可連作。

然而，當蔬菜生吃受到注目開始，就突然受歡迎起來，其流行之程度甚至有「番茄一紅，醫生的臉就綠了」的諺語。番茄是低卡路里，並且富含維他命A、B_1、C、E等之營養蔬菜。

■栽培意外的困難

要滿足光線強、雨量少、空氣乾燥、晝夜溫差大等等，適合番茄生長的安地斯山區之氣候條件，實在是一件困難的事，因此番茄的栽培意外地困難。

四月下旬，購買市面上販售的苗，並植入。苗要選擇節間短，沒有病害的痕跡且健壯者。畝約堆高三十㎝左右，以堆肥或雞糞當作元肥施入。以七十㎝為間隔，種兩條，株間間隔約五十～六十㎝。

■長到第五花房時，進行摘芯

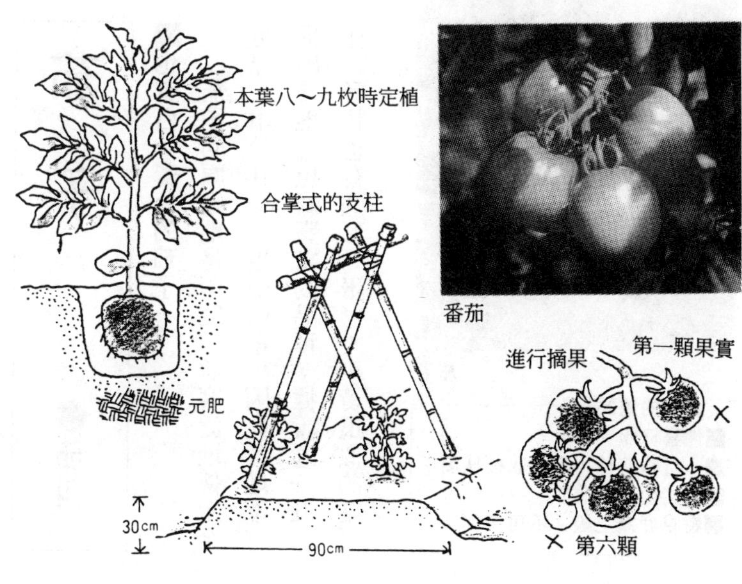

使用合掌式的支柱，將長出的嫩芽剪掉，使一枝主枝伸長。每個月在株間施一回磷酸分較多的追肥。等到果實長到第五花房左右時，就從尖端摘芯。

■五顆果實以上時，就要摘掉

如果一個花房中，長了五顆以上的果實時，為了要使果實長得大，就要把第一顆或第六顆以上的果實摘掉。開花後，約二個月後開始顯色。

主要的病蟲害為蚜蟲、瓢蟲及疫病。特別是蚜蟲為濾過性病毒的媒介，要多注意。

月	收穫■	種植●	播種○
3			
4		●	
5		●	
6			
7	■		
8	■		
9			
10			
11			
12			
1			
2			

註・種兩條　將種與苗分成二列種植。

●番茄被認為是活力的泉源，而且在西班牙被稱為「愛之蘋果」。

茄子

●茄科

茄子

栽培的重點
■性喜日照、水分
■八月時剪枝，為了收穫秋茄。
■果實要早點收成。
■難易度為上級。不可連作。

■也有白、黃色的茄子

茄子的原產地是印度，並廣泛地傳至全世界。由於其交配也很簡單，因此各地都有種出其地方色彩豐富的品種。據說達一五〇種，形狀也有圓形、蛋形、小黃瓜似的細長形等等各不相同。在全世界有白色、黃色、綠色、藍色、紫色、黑紫色等顏色的茄子。

■地溫上昇後開始種植

由於茄子要避免連作，所以請間隔四～五年輪作。然而也不適宜在番茄、馬鈴薯、辣椒等其他的茄科蔬菜之後種植。栽培適溫為二十二～三十℃的稍高溫，性喜日光，怕乾燥，由於收穫期很長，肥料很容易就用盡，可說是一種稍難栽培的蔬菜。

雖然也可以從種子開始栽培，但一般都是用市面上販賣的菜苗來種植。苗要選擇節間短、葉片大、附有子葉，看起來健康者。種植的時期在地溫充分上昇，五月的連續休假左右最為適宜。一株就可收成數十個，所以家庭菜園中種四～五株左右就足夠了。

■每株照顧三枝

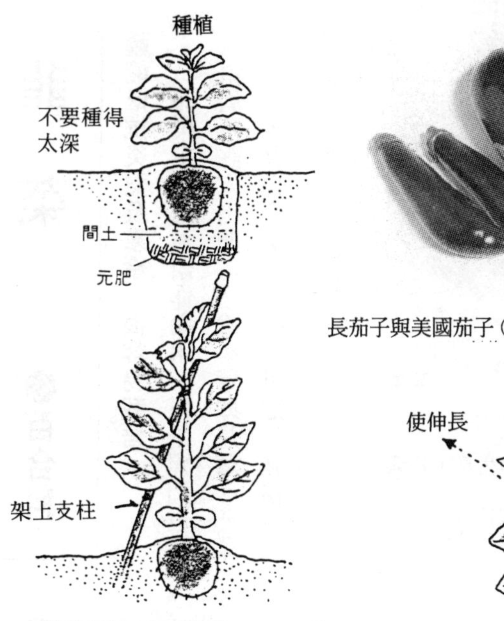

長茄子與美國茄子（右）

畝寬為九十cm，株間隔也儘量寬，九十cm左右。在深三十cm的洞穴中，施入堆肥、雞糞等元肥，放上五～六cm的間隔土，就可將苗種入。種入苗後的四～五日，使其自由生長。請不要忘記立支柱。當第一朵花開了之後，將其下的嫩芽留下二枝，其餘摘掉。照顧這二枝加上主枝，共三枝。梅雨季節過後，要舖上麥桿，防止乾燥及病蟲害。第二朵花開放之後，在畝肩以堆肥進行追肥。在果實沒有太過大時，就要收成了。

為了要收成秋茄，將對乾燥及害蟲等較弱的茄株剪定，使其再生。時間為八月上旬。

月	3	4	5	6	7	8	9	10	11	12	1	2
收穫■				■	―	―	■					
種植●		●	●									
播種○												

●茄子的種就算稍微老一點，也能長出芽。也可以向從種子開始的栽培挑戰看看。

韭菜 ●百合科

■能抵抗炎熱及寒冷，很容易栽培

韭菜主要是被用作藥用，但是禪門也有「葷酒不許入山門」之說（葷即是葱、韭菜的味道強烈的蔬菜），由此可知其強精效果也廣為人知。

韭菜

栽培重點

■要努力防除蚜蟲。
■如果在乾燥土地中生長，其葉會太硬。
■如果太大株，可實行分株。
■難易度為初級。不可連作。

除了普通的韭菜之外，還有韭黃、白韭菜，最近中國蔬菜中的連花莖和蕾都能吃的花韭菜，漸漸受到歡迎。

其營養價值很高，特別是富含多量的維他命類。維他命A是青椒的六倍，B_2也和菠菜一般多，另外亦富含鈣質等。在店裏販賣的，大部份都是在房子裡栽培的，而在家庭菜園中，請種植露天栽培的好吃韭菜。

從中國北部到印度都有種植，由此可知是一種能抵抗炎熱及寒冷，又容易種植的蔬菜。三～四月播種，就算在田地中播種也是要移植，所以還不如先在箱中育苗，再移入田中，較輕鬆。在淺箱中間隔十㎝播種，覆土至可將種子隱沒的程度。到六月末，長到二十㎝左右時，就可準備移植了。

■從第二年開始進行收成

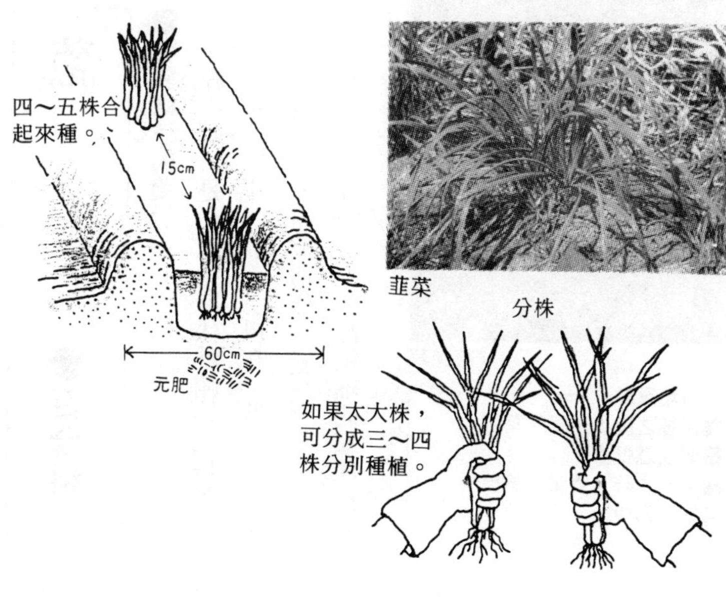

進入七月時，作一個寬六十㎝的畝，以堆肥或雞糞當作元肥施入，株間間隔十五㎝，如果是栽種最普遍的「greenbelt」種，每處各種四～五枝。第一年先不要收成。只努力於株的生長。收成從第二年的九月才開始。

長到二十～二十五㎝時，在根部留下三～四㎝，其餘割了，一個月後又會再長出葉子來。在秋天可以割三回，其後就讓它休養。

每次收割，就在畝間以氮素成分多一點的肥料，實行追肥，再輕輕地行中耕。另外，分蘖後如果太大株的話，可以進行分株。

韭菜在收穫之後，很快就會受傷。

月	播種○	種植●	收穫■
3	○		
4	○		
5			
6			
7		●●	
8			
9			■
10			■
11			（二年）
12			
1			
2			

註・分蘖　莖從根部分長出來。

●韭菜的季節味非常特別。其花也很美。

蔥

●百合科

■容易種植的葉蔥

在中國，是從原始時代就開始栽培了。由於是吃其白根，所以在「蔥」字上又加上「根」字，而被稱作「NEGI」。

蔥只是一個總稱，依照粗細的順序排列，有下仁田蔥、長蔥、慈蔥、葉蔥Asatsuki等。下仁田蔥和長蔥皆是食其白色軟化的根（葉鞘部），是為根深蔥（NEBUKA）。慈蔥（WAKEGI）也是蔥的一種，因為作過分櫱（分株），因而稱之。Asatsuki也是進行過分櫱，因而有千枝蔥之別名。

葉蔥的代表品種就是「九條蔥」。三月中旬時作一個十㎝左右的苗床，間隔九㎝挖一條播種的溝，進行條播。苗初期的生長較慢，請勤除雜草。

五～六日時植入。其後就做些除草及輕微地集中土壤的管理。肥料則使用堆肥、雞糞、油粕等，施於畝間。植入後的二個月後，就可摘葉收成了。

■勿耕田地

根深蔥與葉蔥的種植法大不相同。根深

根深蔥

栽培重點
- ■播種之後，用腳踩壓。
- ■要注意蚜蟲。
- ■苗長大時，將葉端剪掉。
- ■難度為中級。不可連作。

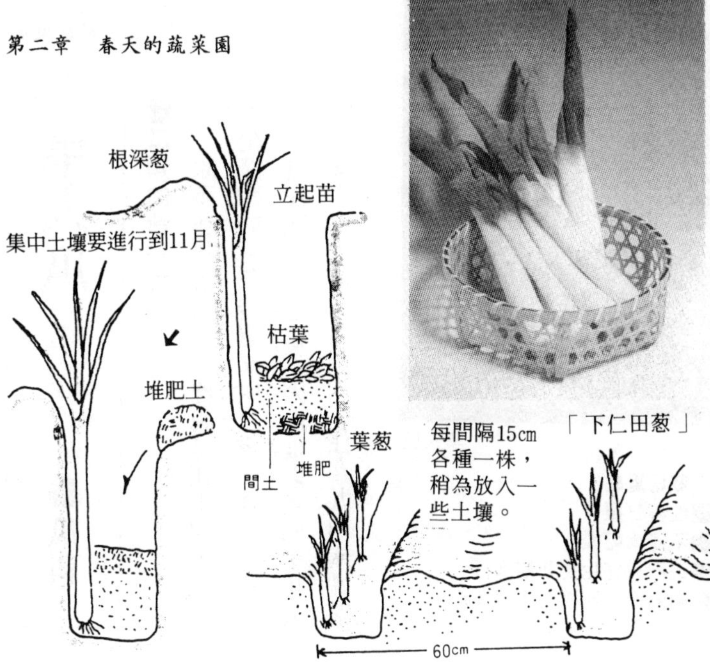

「下仁田蔥」

蔥要深入地集中土壤作業。種子有春播與秋播兩種，一般是春天播種。

拔除多餘的苗之手續，要進行多次，以三cm間隔種一株的比例，長到十三～十四cm時就可定植。勿耕田地，掘一個深二十五cm的溝，每間隔五cm插上一株苗，放入堆肥，並加上不使苗倒下程度的土壤。集中土壤與追肥自十月下旬到十一月上旬為止要進行數次。十二月中旬即可收成。

月	種植● 播種○	收穫■
3		
4		
5	●（葉蔥）	
6	●	
7	●（根深蔥）	■（葉蔥）
8	●	
9		■
10		
11		
12		■（根深蔥）
1		
2		■

●原本專門種植根深蔥的地方，現今也開始認同葉蔥纖細的味感。

隼人瓜 ●瓜科

隼人瓜

栽培重點
- ■性喜日照。
- ■不能太乾燥。
- ■追肥只在生長初期進行。
- ■難易度為初級。可以連作。

■瓜類的新參者

原產在熱帶美洲，據說是在十四～十五世紀繁盛的阿茲特克文明之重要作物。由於最早是在鹿兒島種植，因而被取名叫「隼人瓜」(隼人──日本古代，住在九州南端薩摩，大隅，即今鹿兒島的一個民族)。

在日本栽培的是呈乳白色，而另外也有綠色的品種。其大小形形色色，從三〇〇g到二·五kg的都有。是一種在瓜科中很少見的一果一種子的作物。

藤蔓的生長速度很快，可多分枝，若架起棚子會長的又大又廣，所以將棚子架在庭院中，也可以遮蔭。或是讓藤蔓爬在外牆上，也很有趣。到了日照時間縮短時，就會結實，但是也有一株上結了數百個果實的。

然而，除了用來作醃漬物外，作醋物、煮物、湯料、炒物等也都很美味，因此如果田中有空間的話，是一種一定要種種看的蔬菜。

■從前一年的秋天開始作準備

果實要從前一年的栽培者那邊分來。氣

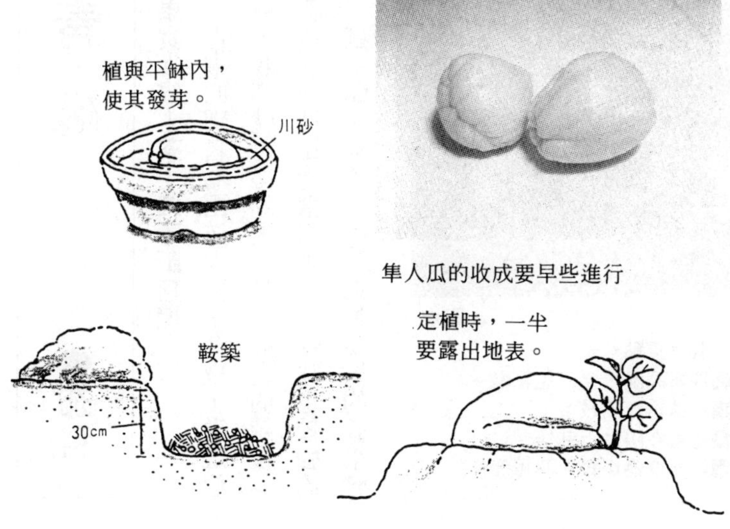

隼人瓜的收成要早些進行

溫一上昇就會發芽，所以請放入擠滿籾殼的箱子，保存在冷暗的處所。到了三月，就將土放入平缽，把果實埋起來，等待其發芽。

當芽長到七～八㎝後，就將果實以上半部露在地面上的狀態植入。要做一個高十㎝的鞍築方式的畝，施入以堆肥、油粕為主的元肥，再放入間隔土。當本葉長到六～七枚之時，就進行摘芯，使其長出嫩枝。炎熱的時候會茂盛地生長，八～九月時就會開始開花。收成時間是在開花後的三週間，如果太晚收成，果皮會太硬。收成後，將地上的藤蔓割掉，如果蓋上籾殼的話，明年還會發芽。

月	3	4	5	6	7	8	9	10	11	12	1	2
收穫 ■							■	■				
種植 ●		●	●									
播種 ○	○											

●其藤蔓很細，可抽出很好的纖維，因此可使用在編帽子或籠子上。

青椒 ●茄科

■果實從綠↓茶↓紅不斷轉變

青椒的別名為西洋大獅子辣椒，從這個名稱，我們就可得到大約是「極大的辣椒」的認識。一種比青椒稍小型，辣味也較強的是「獅子頭辣椒」。兩種都是辣椒的栽培變種，因此性質也很相似。

果實會從綠色開始，最後轉成紅色，可以給料理增加色彩。除此之外，亦有黑青椒與黃青椒。不論那一種，都含有豐富的維他命，就算在特別富含維他命C的蔬菜類中，也是最上級的。

由於青椒喜好高溫，因此要在氣溫已完全上升的五月上旬～中旬之時進行種植。雖然也可以從種子開始培育，但是剛開始種植時，最好向種苗店買苗來種。

施入堆肥和雞糞作為元肥，淺淺地植入，立一根長二十㎝左右的支柱。由於青椒的根很淺，枝也容易折斷，所以一定要立支柱。

■照顧三枝

第一朵花開了時，就像茄子一樣，只留下花下面的二枝與主枝，一共三枝，其他的

青椒

栽培重點

■性喜高溫，要避免乾燥。
■每株培育三枝。
■也可在陽台上栽培。
■難易度為中級。不可連作。

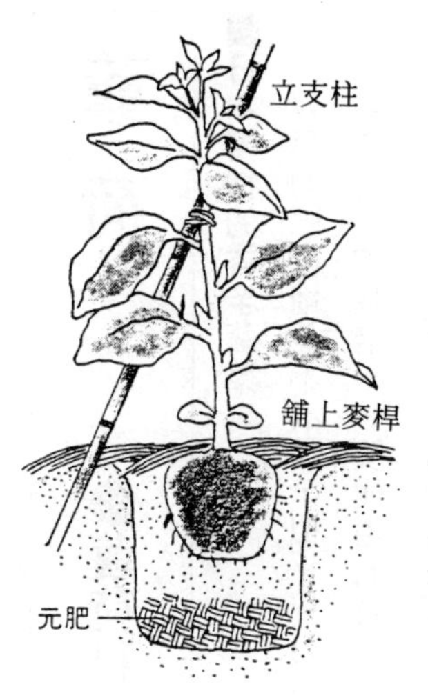

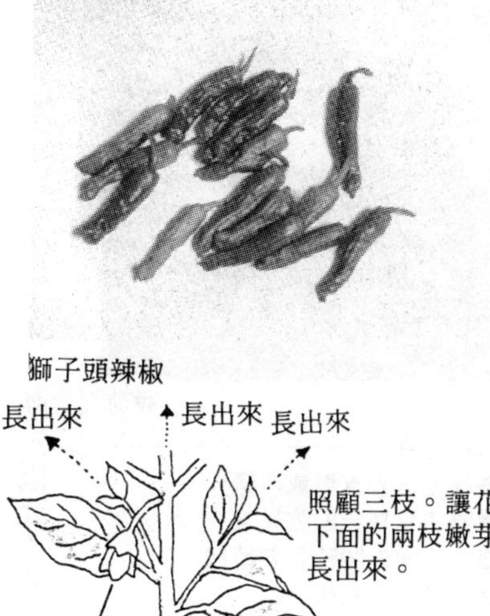

獅子頭辣椒

嫩芽皆拔去。雖然不怕熱，但是卻很怕乾燥，因此在梅雨季節過後，要在根部舖上麥桿，若是太乾燥時，請灌水。在家庭菜園中，種個四、五株就很足夠了。在長長的收成期間內，可以每月進行一次含磷肥較多的追肥。

最早的幾個果實要早點收成，其後的果實才會結的好。期待秋天有好的果實時，就要在七月下旬將五十㎝高度以上的枝切掉，並行追肥。果實到了秋天，就會著上紅色。

比青椒稍稍容易栽種的獅子頭辣椒，也是一種方便的香辛蔬菜。

月	3	4	5	6	7	8	9	10	11	12	1	2
收穫■				■	―	―	―	■				
種植● 播種○			●●									

●維他命C的含量在蔬菜中是數一數二的。

蘘荷

●蘘荷科

■日本獨特的香辛蔬菜

蘘荷的原產地並不清楚，似乎只有日本才作為食用上的栽培。一般使用的花蘘荷，是蘘荷的苞與蕾。花一開後就無味了。另外，一收成其鮮度立刻就會下跌，因此不能在距離消費地點太遠的地方生產。收穫量少就成了其價錢高居不下的一大理由。

蘘荷被用於湯料，醋物、生魚片佐料，麵類的調味、鹽漬、醋漬等上面。蘘荷竹是一種葉莖被軟化的東西，主要是用於調味。

蘘荷是一種在酸性土或日陰下也可培植的性質很強的作物，但是如果一乾燥，其生長力就會減弱。種植的場所以建築物的北側、屏障物的蔭處、樹蔭下等等的日蔭處較為適當，要避免日照太強的處所。由於性喜腐植質較多的土壤，因此在三月下旬～四月上旬植入地下莖之前，先把充分的堆肥或腐葉土從空隙施入。

將長了三枝芽的地下莖，以二十五㎝的間隔，種入離地表十㎝的深度。種下之後，數年間不需花什麼工夫。只需要一年進行二

蘘荷

栽培重點

■避免日光直射或西晒
■要注意夏天的乾燥。
■在花尙未開時就要收成。
■難易度為初級。

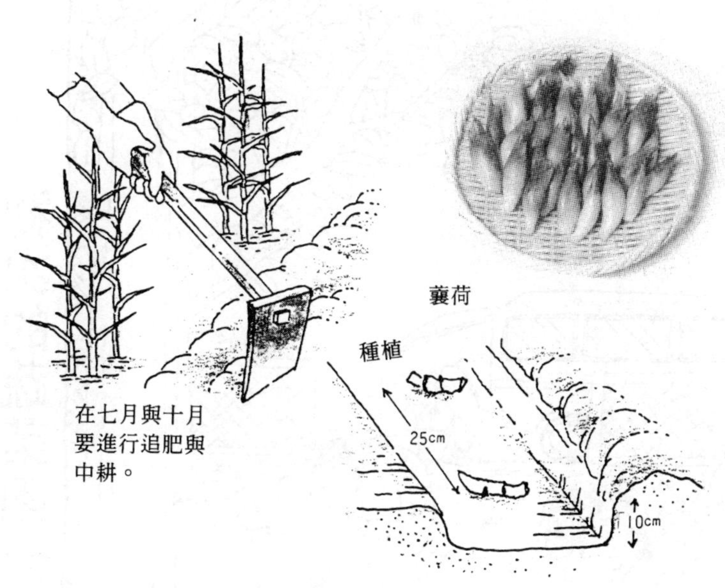

次在株間的追肥。要使用磷酸份多的肥料。

■避免乾燥

夏天太乾燥的時候，舖上麥桿，並在根部敷上落葉或泥炭腐植質。如果日照仍一直持續的話，請追行灌水。

種下去後二～三週間就會長出芽來，等到長出花莖則是第二年以後了。七～九月，長出了花蕾，在還沒開花之間，就請收成。

蘘荷竹，是用籾殼什麼的，使其嫩莖軟化而成者，因為其株氣勢較弱，所以不建議各位種植。

	月	3	4	5	6	7	8	9	10	11	12	1	2
收穫■						■	─	─	■				
種植● 播種○		●	●										

●這是素麵（日本涼麵）的調味中不可缺少的夏日味覺。可以恢復減退的食慾。

初次的蔬菜園

綠色的室內裝飾——蔬菜的再生栽培

將曾經利用過一次的蔬菜，使其再度發芽。在以食用為目的之外，也以觀賞作為目的來栽培看看。

根鴨兒芹

根鴨兒芹也可以在花盆中栽培，但要注意壁蝨的發生。

地瓜

放在裝水的深皿中培育。等到藤蔓長長後，把它吊起來也很有趣。

洋葱

其栽培要領與風信子的水栽相同。葉子長到十cm時就可食用。

甜菜

留下一些頭的部份，放入皿中養育。會長出與根相同的，漂亮紅色的莖與葉。

第三章
夏季的蔬菜園

雖然夏天令人們及蔬菜都是懶洋洋的，
但一大早的菜園中可是充滿清爽的空氣喔！

菊萵苣

●菊科

菊萵苣

栽培重點
- ■勿使株元過濕。
- ■進行軟白後，葉子會變的柔軟。
- ■栽培充沛的根株。（CHICORY）
- ■難易度為中級。不可連作。

■混亂的名字

菊苣是萵苣中的一種，被稱為紅毛萵苣，作為觀賞用。其皺紋狀的葉片有苦味，因此也被稱作苦萵苣。萵苣的種類有搔萵苣、舌萵苣、葉萵苣、玉萵苣等等不同形狀的。

菊苣雖然外表不同，但是與菊萵苣是為同屬的植物，在菊苣正式上市之前，菊萵苣一直被叫作菊苣。反過來，菊苣也有被叫成菊萵苣的情況。菊苣是一種食其軟白之嫩芽的食物，在歐洲的餐桌上是不可欠缺的味道。

■葉子一長大，就將菊萵苣進行軟白

菊萵苣有縮葉也有廣葉，縮葉較易種植。將種子播種在箱子，等到本葉四～五枚時，就可以進行定植。定植時，以堆肥或油粕當作元肥施入，然後在稍為堆高的畝上，以三十cm為株間間隔，進行定植。

葉子的苦味很強，不能直接食用。葉子長大後，把外葉用細繩綑起來，使內部軟白化，食用其苦味減低了的軟白部分。

■要吃菊苣的軟白化的芽，要花點功夫

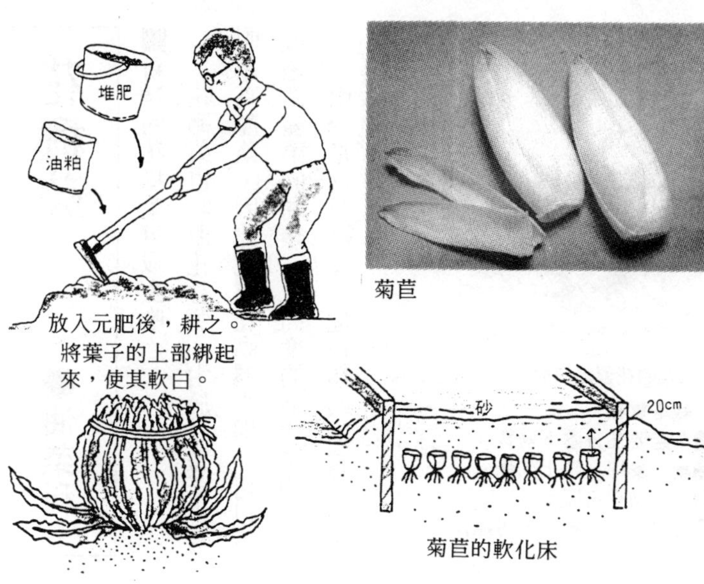

放入元肥後，耕之。

菊苣

將葉子的上部綁起來，使其軟白。

菊苣的軟化床

在施過元肥的田地中，稀稀落落地撒入種子，再薄薄地覆蓋一層土。本葉長到二～三枚時，就將株間隔弄成十五㎝。降初霜時，將菜株掘起，把葉子切下來。

將根株轉植於軟化床中，放入二十㎝左右的砂（籾殼亦可），等待其冒出新芽。溫度要保持十五～二十三℃。收成時間是在軟白進行之後的一個月後。

月	播種○	種植●	收穫■
3			
4			
5		○	
6	○	○	
7	●（菊萵苣）		
8			■
9		●	■（菊萵苣）
10		●（菊苣）	
11			■
12			■（菊苣）
1			
2			

註・軟白　為使作物柔軟為目的，不讓作物見到日光的情形下，進行培育。

●非常高級的微苦，給沙拉中來點不同的味道。

花椰菜

●油菜科

■新鮮的花椰菜可以生吃

花椰菜也叫做花甘藍。由於甘藍菜也被叫做高麗菜，因此也有花高麗之稱。可以看做是高麗菜的同類，且高度的進化了的。

由於是含有鐵及維他命類的營養蔬菜，而受到注目，特別是其維他命含量，為柳橙的二倍以上。我們食用的部分是其花蕾，是許多的花及花莖多肉化後形成的。花蕾的顏色愈白愈好，新鮮的花椰菜，可以切成一口大小，用手捏著，直接沾檸檬汁食用。

花椰菜的栽培方式，與夏高麗菜非常相似。品種從極早生種到晚生種都有，但是由於花芽若不遇到低溫就不會分化，所以在夏天播種，秋天長出花蕾，初冬收成的中生種，較容易種植。

以五～六㎝為間隔，將種子以直排方式播在箱子裡，等到本葉長到二枚的時候，轉植入塑膠花盆中。由於是在盛夏進行育苗，所以要使用寒冷紗或蘆葦簾來遮蔭，並要注意乾燥的問題。

■苗不要植得太深

花椰菜的花蕾愈白愈好

栽培重點

■菜苗要在日陰下培育。
■舖上麥桿，防止乾燥。
■花蕾勿受日照。
■難易度為上級。不可連作。

本葉長到二枚時，就轉植

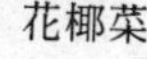

花蕾長到直徑五cm時，就用細繩將上部綁起來。

集中土壤，使菜株穩定。

在施過元肥，寬四十cm的畝中，掘十五cm左右的洞穴，本葉長到六～七枚時，就將苗植入。莖部多露一點出來，不要種得太深，需注意。株間間隔為四十五cm。

由於整株會長得很高，為了不使其倒下，要適當地進行集中土壤。在收成之前要作二次的追肥，將合成肥料施於畝間，進行中耕。

花蕾如果碰到日光或霜，就會變成黃色的，因此為了保持花蕾的白皙，在花蕾長到直徑五cm時，用細繩將外葉綁起來。等花蕾長到直徑十五cm時，就可以收成了。

害蟲方面，要注意蚜蟲、螟蛉蟲和根蟲。

月	播種 ○	種植 ●	收穫 ■
3			
4			
5			
6			
7	○		
8	○	●	
9		●	
10			■
11			■
12			
1			
2			

●不要太早收成，花蕾開得愈大愈好吃。

高麗菜 ●油菜科

■品種超過四百種

有甘藍、玉菜、椰菜等各種別稱。是人類有史以來，食用時間最長的蔬菜。由於不斷反覆交換，而種出各式各樣的種類，除了普通的結球高麗菜之外，還可分為芽甘藍、花椰菜、硬花球花椰菜、羽毛甘藍、撇藍、葉杜丹等。據說品種超過四〇〇種。維他命C和柳橙相同，亦含維他命U或K，有健胃及利尿作用。

高麗菜

栽培重點

■性喜寒冷的氣候。
■菜苗要用寒冷紗來培育較好。
■最大的敵人是根蟲。
■難易度為上級。不可連作。

■菜圃要深耕

高麗菜雖然不怕寒冷，但很怕嚴熱，所以家庭菜園中，最好使用秋天播種，而第二年的春～初夏時收成之春高麗較容易種植。

如果種植的數量不多，或是夏天播種的話，就要播種在箱子裡，本葉長到二枚的時候，轉植在塑膠花盆中。要使用寒冷紗來防日曬及防蟲。

高麗菜不怕酸性土，因此不需特別選擇土壤。但要選擇排水及日照良好的場所。菜圃要耕得深是栽培出漂亮高麗菜的第一步。另外，由於高麗菜性喜多肥，所以要將元肥

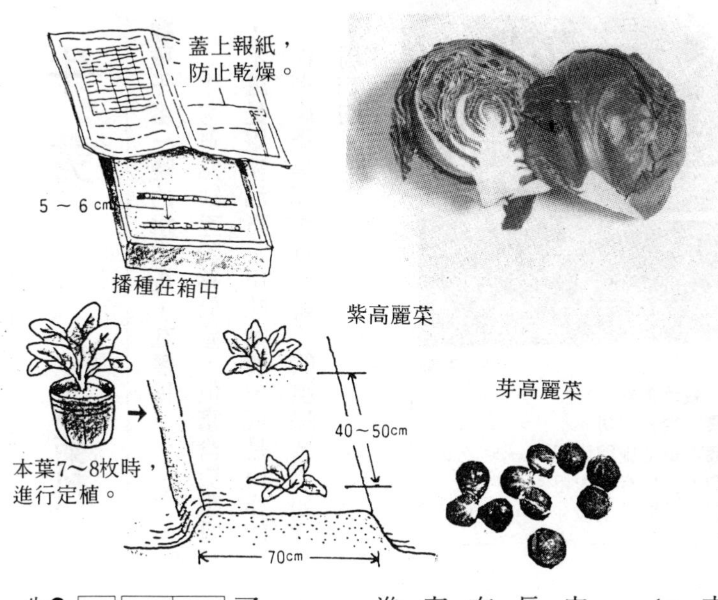

紫高麗菜

芽高麗菜

充足地從隙縫中施入。一㎡的標準是堆肥一kg、雞糞二〇〇g、草木灰五〇g。

做一個寬七十㎝的畝，掘深十五㎝的洞穴，以株間間隔四十～五十㎝，種植本葉已長到七～八枚的菜苗。秋天播種的話，不要在此年進行追肥，只要集中土壤，使菜株穩定。第二年的三月左右，在畝肩，以油粕等進行追肥。

要收成已結球成硬者，但如果太晚收成，球會裂開，請注意。但是也有人認為裂開了的高麗菜更美味。

月	播種○ 種植●	收穫■
3		
4		■
5		■（翌年）
6		
7		
8		
9	○	
10	●	
11		
12		
1		
2		

●春高麗菜是水零零的淡綠色。料理方式簡單，就能生出甘味。

牛蒡 ●菊科

■種子滲一晚的水之後，在播種

牛蒡雖然缺乏營養價值，但富含纖維質，不論是用醬油煮，用味噌醃，或是用炸的，作柳川鍋等都是有其獨特的風味，正如衆所周知的。

牛蒡

栽培重點
■田地要深耕。
■大量地施與堆肥。
■不要培育到太粗。
■難易度為上級。不可連作。

由於牛蒡的根很長，所以其菜圃要耕的極深。深耕會促進土壤的團粒構造，會有些在深處的微量要素被耕至表面，而更產生效果。

播種的半個月前，用堆肥、雞糞、油柏、草木灰等做為元肥，放入田地中，好好地耕一下。未成熟的堆肥或油柏等如果放在根的下面，會成為叉根的原因，請小心。

在寬七十㎝的畝中，做一道寬約十五㎝的淺溝，一處各撒上三～四粒，播成鉅齒狀的二列，再薄薄地覆上土。將種子浸一晚上的水後再播種，較容易發芽。這個時候，浮在水上的種子，因發芽率低，請丟棄。

■一進入梅雨季就播種

一般的栽培是從三月播種開始，到降霜前收成為止，而家庭菜園則於六月上旬播種。

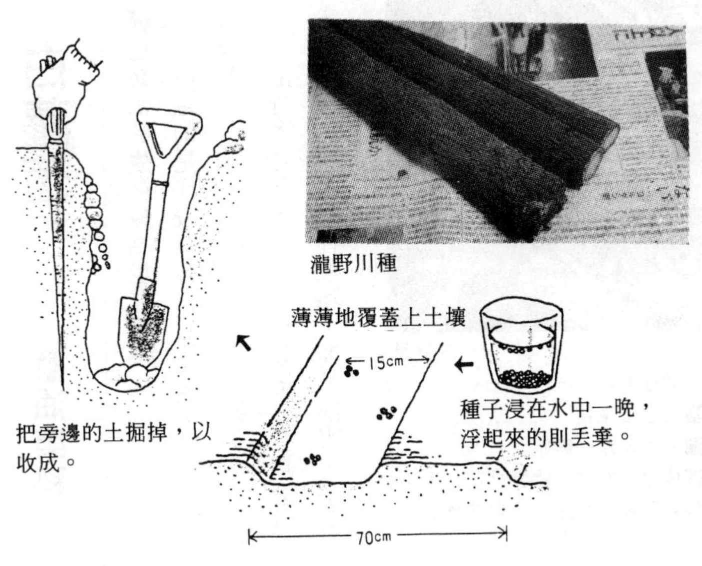

由於牛蒡在發芽時期要避免乾燥，所以最好在梅雨季時育苗。也有進入九月後才開始的秋播，這時候，其收成則在第二年的夏天。

■要努力除草

由於初期的生長較慢，故要注意雜草。本葉長到三枚之時，就拔除多餘者，各處留一株，進行追肥及中耕。反覆地除草及集中土壤。收成從十一月到第二年的三月。

月	播種○	種植●	收穫■
3			
4			
5			
6			
7			
8	○		
9			
10			
11			■
12			■
1			
2			

註・微量要素　鎂、鉀等對植物的生長來說，必需極微卻極必要之物質。

●新牛蒡的皮與身之間非常美味。不要將它削掉。

白蘿蔔

●油菜科

■白蘿蔔的生產量為世界第一

白蘿蔔是代表春天的七種蔬菜之一。其形狀大小之外，生產量亦是世界第一。

品種多樣化，亦可整年栽培。春夏之時，將蘿蔔剁成泥當作佐料，非常清爽，冬天時則放在高湯中燉煮，享受其熱騰騰的美味。另外也用在醃漬物，蘿蔔干、加工食品等。

■栽培秋蘿蔔

白蘿蔔原本性喜冷涼的氣候。因此建議家庭菜園種植在夏季播種，初冬收成的秋蘿蔔。

和其他的根菜一樣，菜圃要細細地深耕。做一個寬六十㎝的畝，一處六～七粒，三十㎝為間隔進行播種，薄薄地覆上土壤。施肥時將完熟的堆肥以一握左右的量各置於株間。如果將未熟的堆肥或油粕等施在根生長的方向，會長出分叉的蘿蔔，請多加注意。

■拔除多餘者，非常重要

第一次進行拔除是在本葉長到一枚的時候，將子葉長成漂亮的心形者留下，長得太長的芽也拔除。第二次拔除於本葉三～四枚

白蘿蔔

栽培重點

■田地要深耕。
■種子要浸一晚水。
■拔除多餘者，較好之苗留下。
■難易度為中級。不可連作。

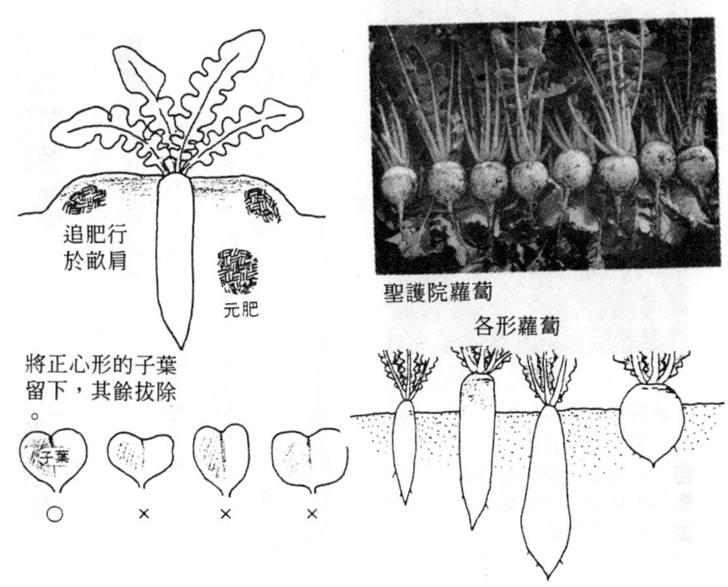

聖護院蘿蔔

時，使剩下二根，最後一次是本葉六～七枚時，使各處均留下一株。拔除後要輕輕地集中土壤。追肥則在第一次拔除時進行，在畝肩上施與少量含鉀鹽分較多的肥料。

■如果太晚收成，蘿蔔會糠掉

播種後約三個月就可收成了。如果太晚收成，蘿蔔會糠掉，所以請小心勿太晚採收。其葉子中也含有許多養分，因此葉子亦能食用。

月	播種○	種植●	收穫■
3			
4			
5			
6			
7			
8	○		
9			
10			
11			■
12			■
1			
2			

●糠了的蘿蔔，其葉柄成了空洞，因此一折便知。

玉蜀黍 ●稻科

■甜玉米是戰後的味

原產地為南美、安地斯山麓地帶。由哥倫布介紹給歐洲，根據用途來分有大粒玉米、爆米花……等，而不經加工成為食用玉米之主流的甜玉米，則是在戰後才普及開來的。

玉黍蜀

栽培重點
■本葉長到十枚時，進行追肥。
■氮素過多，會招引蚜蟲。
■是輪作上不可或缺的蔬菜。
■難易度為初級。可以連作。

現在，玉米生產量的八〇%做為飼料用，二〇%作為玉米澱粉或酒類用，不經加工而直接使用的量是微乎其微。但玉米的季節味是很特別的。

玉米不斷地進行品種改良，在土壤不肥沃的田地中是長不好的。但因其本來是作為救荒作物，就算在沒有肥料成份的土地中也能培植，是性質很強的作物。

■種植二列以上

在氣溫上昇了的五月上旬時，就可開始播種了。在已放入堆肥或雞糞等元肥的田地中，作一個寬八十㎝的畝，株間間隔三十㎝，各二～三粒，撒成二列（列間隔六十㎝）。如果只種一列的話，就不容易順利地進行異株間的受粉，果實容易變成「缺牙」（中有空洞）的狀態，因此要儘量種植二列以上

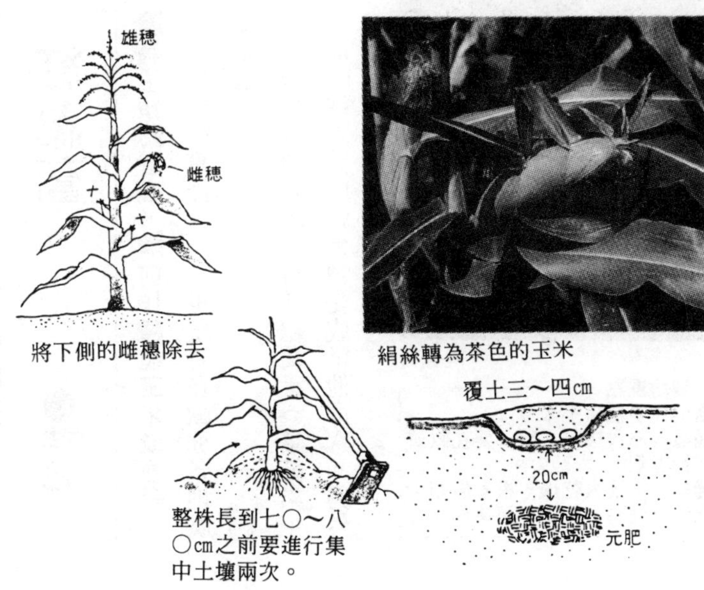

將下側的雌穗除去

絹絲轉為茶色的玉米

整株長到七〇～八〇cm之前要進行集中土壤兩次。

。為了防止鳥害，在本葉長出之前，最好都用寒冷紗蓋著較好。

■拔除二次後，使各處剩下一株

播種之後，約二週，各處平均會長出三株，等到本葉長到三～四枚時，將其中的二株用剪刀剪除。在整株長到八十cm長度之前，進行二次左右的集中土壤。用力搖動莖，使雄花的花粉擴散，就會結實的很好。雌穗長到二個以上後，就將下段拔除。

雌蕊的絹絲轉為茶色時，就可以收成。

將收成的株砍掉，可做為翌年堆肥的材料。

月	種植● 播種○	收穫■
3		
4		
5	○	
6	│	
7	○	■
8		│
9		│
10		■
11		
12		
1		
2		

●玉米的甘味只要放置一日，就會減少一半，所以收成後要立刻食用。

紅蘿蔔

●芹科

■為了預防害蟲，請前作種植玉米或蔥等

生於阿富汗，十六世紀時在歐洲各地廣受栽培。

根呈紅色是因含有胡蘿蔔素（葉紅素），而一進入體內就會轉變成維他命A。另外，亦含有礦物質類及維生素B_2、C等。

其生長途中很怕夏季的炎熱，因此，夏天播種比春天播種好，而從秋天到冬天之間收成的作型較容易栽培。其最大的敵人是土壤線蟲，所以如果不使用土壤消毒劑，相當難以栽培。為了將受害程度減至最低，最好在其前作選擇線蟲討厭的玉米或蔥。

紅蘿蔔

栽培重點

■前作要種植玉米。
■最後一次拔除之時，要在畝肩進行追肥。
■如果土壤太乾燥，根會裂開。
■難易度為上級。不可連作。

■很難發芽

在幅寬三十cm的畝中，掘一條深十五cm左右的溝，放入堆肥，二～三週後就可播種。由於紅蘿蔔的種子不易發芽，所以請稍微多播一些，可薄薄地覆一層土，或不覆土直接用腳踩踏，為了防止乾燥，請敷上麥桿等。發芽之後，其生長亦極為緩慢，所以請多注意雜草。

在本葉三～四枚時，七～八枚時，都要

紅蘿蔔（左為Baby-Carrot）

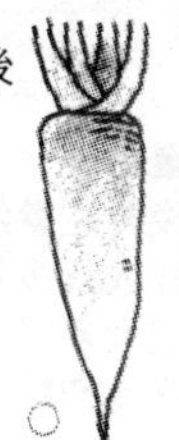

拔除多餘者，最後使得每八（三寸系）～十（五寸系）的間隔，各有一株。

■根蟲與樹蛾的最愛

除了蚜蟲之外，在秋天時也有可能遭到根蟲及樹蛾的幼蟲之害。兩種皆是將其捕殺，由於後者很快就會羽化，所以將其放入蟲籠中飼養，也很有趣。七月下旬時播種的紅蘿蔔，在十一月下旬時即可收成。

月	播種○ 種植●	收穫■
3		
4		
5		
6		
7	○	
8	○	
9		
10		
11		■
12		■
1		
2		

●維他命A的含量在接近表皮處最多，所以不要將皮削得太厚。

不斷草

●赤糖科

■全年都可吃到的營養蔬菜

由於一年中可以不斷地吃到，所以被命名為「不斷草」。實際上，則在四～九月間播種，是一種在夏季多病蟲害的季節中，就算不施與肥料，也能培育很健康的蔬菜。

不斷草（東洋種）

栽培重點

■發芽後要注意雜草。
■要好好進行拔除多餘的工作。
■若追肥太多了，會生病。
■難易度為初級。可以連作。

品種有紅色莖與白色莖的兩種，一般大都栽種大葉且白色莖者。

礦物質及維生素A的含量，比菠菜更多，是一種營養蔬菜，但不知為何，並不受到歡迎，在蔬菜攤上也很難看到。

不斷草對炎熱極有抵抗力，在菠菜、油菜等都很難種植的夏季，不斷草就成了一種珍貴的綠色蔬菜，不需要特別的照顧，連通路都可以不必留，隨便就能長得很大的一種方便的蔬菜。

五月中旬～六月中旬左右進行播種。只要日照充足，稍微有些肥料成分，不需特別選擇土壤，由於不喜潮濕，如果是排水不佳的田地，就要作高畝較好。畝的高度以排水好的田地十五㎝，排水不好的田地三十㎝，為標準。

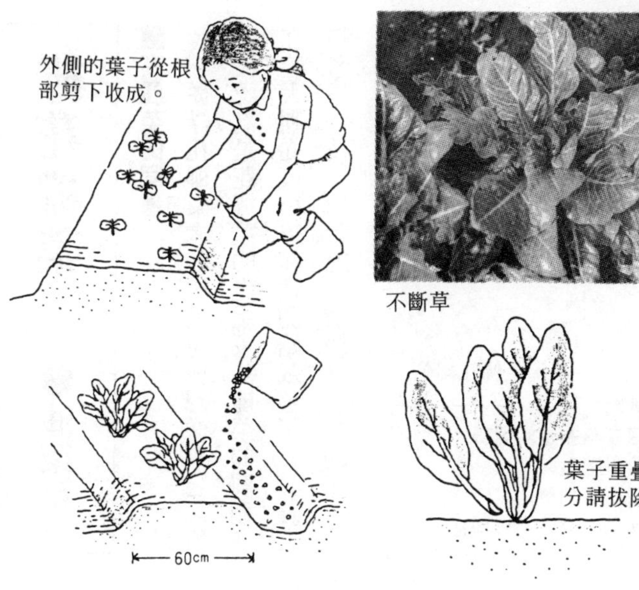

不斷草

■種幾株就夠了

播種時，一處各四～五粒，以每三十～四十cm的間隔進行。由於一株的收成量很多，所以一個家庭只要四～五株就足夠了。在株長七～八公分時，要使其各剩一株，所以在此之前就要拔除多餘者。追肥時將油粕少少地施於株間或畝間。由於正是易生雜草的時期，所以在收成之前要進行二～三回的除草及集中土壤。將外側已長大的葉子，從根部剪下，只收成需要的量。如果將芯的葉剩下數枚的話，一週之後可以再次收成。

月	3	4	5	6	7	8	9	10	11	12	1	2
收穫■				■	─	■						
種植●												
播種○			○	○								

●在缺乏綠色蔬菜的盛夏，涼拌不斷草有特別的滋味。

綠花椰菜

●油菜科

■高麗菜的同種

從綠花椰菜之名，就可以想像到它之所以被認為是花椰菜的先祖及高麗菜的同類。在義大利從很早以前就開始栽種了。其義大利名是「枝」的意思，由於是許多的花莖分枝而成，因而命名。

和菠菜只有同樣的營養價值，花莖及嫩枝亦可食用。

與高麗菜一樣性喜冷涼的氣候。很怕炎熱與潮濕，蚜蟲等害蟲也很多，所以絕不能算是容易種植的蔬菜。

有春播與夏播二種，而於七月上旬播種的夏播型，較容易種植。播種在箱子中，就以七～八㎝為間隔，直線播種。本葉一長出來，就以二㎝為間隔，拔出多餘的，當本葉長到二～三枚時，就要移植到塑膠花盆中。如果種植數量不多，也可以直接播種。另外，也可以播種於泥炭腐植質中。不論是移植或是定植，都比高麗菜來的輕鬆。

■淺　植

本葉長到五～六枚前後，就可做一個已

綠花椰菜

栽培重點
- ■要選擇日照充足的處所。
- ■大量給以肥料。
- ■側花蕾亦可利用。
- ■難易度為上級。不可連作。

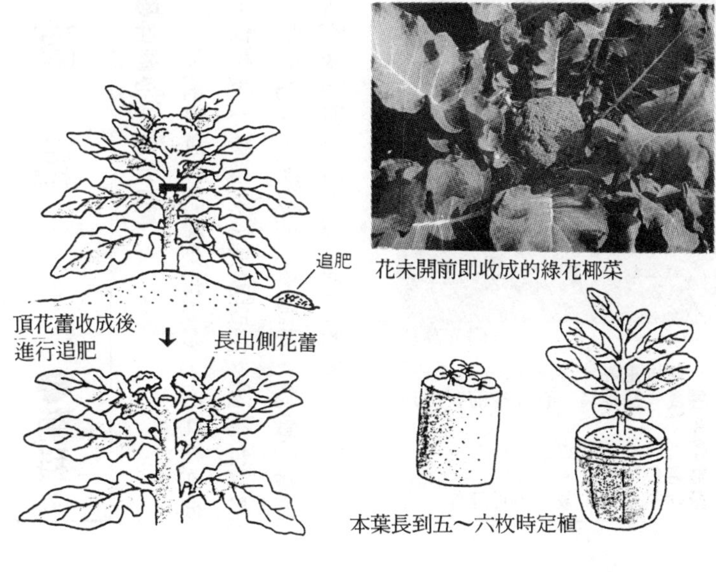

花未開前即收成的綠花椰菜

本葉長到五～六枚時定植

放入元肥的，寬六十cm的畝，株間間隔四十cm，將根從花盆中拿出（根鉢），淺淺地定植下去。九月與十月都要施以追肥，並於畝肩進行中耕。另外，為了不使盛夏之時太過乾燥，請敷上麥桿。

花蕾生長的溫度為十五～二十四℃。如果比這個溫度高，生長情況就會惡劣。當頂花蕾長到直徑十cm左右時，就可以收成了。雖然也有人種到二十cm，但過大味道就不好了。綠花椰菜的莖部也可利用。收成之後，如果再行追肥，就會長出分枝，但此分枝也會長出可以食用的側花蕾。

月	3	4	5	6	7	8	9	10	11	12	1	2
收穫■								■	■	■		
種植●						●						
播種○					○○							

註・根鉢　將根從鉢中拔出時，附在根上與鉢同形之土。一般就是指將根拿出後，附在根上的土。

●增添餐桌的顏色，是富含維他命類的營養蔬菜。

萵苣 ●菊科

■性喜冷涼的氣候

被稱為萵苣的蔬菜有很多，而此種亦被稱作生菜（沙拉菜）或萵苣花。因為有容易腐爛的弱點，所以並不太普及。隨著冷藏方法的發展與食用生蔬菜習慣的擴大，成了這二十～三十年間，需要量激增的一種蔬菜。

所有的萵苣類都富含維他命類，鐵含量也與菠菜差不多，從它們清爽的味道上實在很難想像，但的確是營養價值極高的蔬菜。

一般所說的萵苣，除了花萵苣之外，還有「陽光萵苣」「Red Fire」等葉萵苣，沙拉菜等（生菜）。比較容易種植的則是葉萵苣與生菜，家庭菜園中請選擇這些種類。

生長適溫為十五～二十℃，性喜冷涼的氣候。很怕炎熱的一種蔬菜。

有春天播種與夏天播種兩種，夏天播種就是在八月中旬時播種。

■在播種之前使其發芽

夏天播種的情況，請先浸一晚上的水之後，用報紙包起來，放入冰箱二十四小時，使其發芽後，再播種於育苗箱內，本葉長到

陽光萵苣

栽培重點

■夏天播種時，在播種前要使其發芽。
■就算不追肥也沒關係。
■避免酸性土。
■難易度為中級。不可連作。

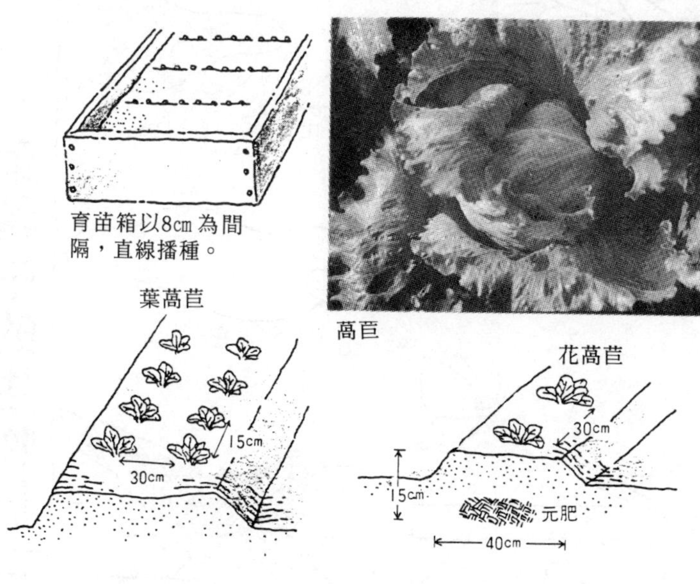

育苗箱以8cm為間隔，直線播種。

萵苣

二枚時，就移植到苗床或塑膠花盆中。

種植則在本葉長到四~五枚時，做一個寬九十cm的畝，將堆肥從空隙間放入，以株間間隔十五cm，種植二列，列距三十cm。

由於排水不良就容易生病，所以排水較不良的田地，要做高畝。另外，結球之時很怕霜，所以在防霜方面要下點工夫。

葉萵苣長到直徑二十cm左右就可收成了。生菜的收成較遲，要等到結球之後。

月	播種○ 種植●	收穫■
3		
4		
5		
6		
7		
8	○	
9	●	
10		■
11		│
12		■
1		
2		

註・育苗箱　以育苗為目的之木箱、塑膠箱等。
●花萵苣要在尚未結成很硬之球時才好吃。

菜園中的生物們

地方蔬菜——各地傳來的口味

出去旅行時，常會在各地的市場中發現以前從來沒有見過的蔬菜。這些就是沒有經過品種改良，有個性又充滿鄉土氣息的地方蔬菜。茄子、白蘿蔔、南瓜……不論它們有多麼不可思議的顏色和形狀，味道可是有保證的喔！

賀茂加（京都）

日本的茄子，大型者將近1 kg。是有名的京都蔬菜。

壬生菜（京都）

京菜的直系親屬。纖維極少，很柔軟，多使用於醃漬菜中。

鹿谷南瓜（京都）

從津輕地方被拿到京都來栽培，卻成了此種形狀。

金時紅蘿蔔（西日本）

被稱作京蘿蔔，甜味極強。是冬天火鍋中不可缺少的。

第四章

秋天的蔬菜園

不論是人類或是蔬菜，都要準備過冬。
水零零的冬蔬菜的季節。

草莓

●玫瑰科

■將苗的匍匐枝面向裡側種植

在溫室中的栽培技術提高了，現在，全年都可在店舖中看到草莓，價格也便宜。

和番茄、西瓜一樣，因為是紅色的，總會讓人連想到血的顏色，因此為了使其普及也費了許多工夫。

維他命C的含量在水果中可說是拔群的，一百g中可達八十mg，為柳橙的二倍。

草莓在十月下旬～十一月上旬時種植，第二年的春天收成。在四月左右時，也會有苗上市，但這種苗不會長出好的果實（實際上是花房）。苗要在園藝店中購買，在一個月前就要把堆肥之類的元肥施入，寬六十cm的畝上，以株間三十cm為間隔，種成二列。因為果實與匍匐枝朝反方向生長，因此將匍匐枝面向內側種植的話，較容易收成。另外，如果苗種得太深，芽容易被土蓋住，所以稍微淺植較為安全。

■使用覆蓋栽培法

種植後第二年的三月，在芽開始長出時，就要使用聚乙稀覆蓋栽培法。由於草莓的

女峰草莓

栽培重點

■根對肥料容易負荷不了。
■元肥在植入的一個月前就要施放。
■要注意蚜蟲。
■難易度為上級。不可連作。

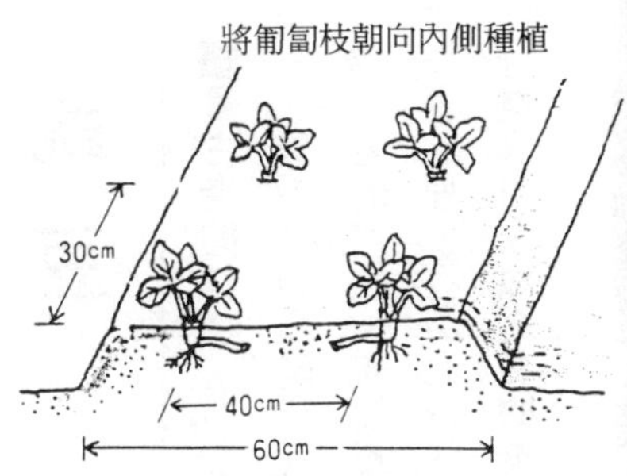

使用聚乙稀覆蓋栽培法的草莓田

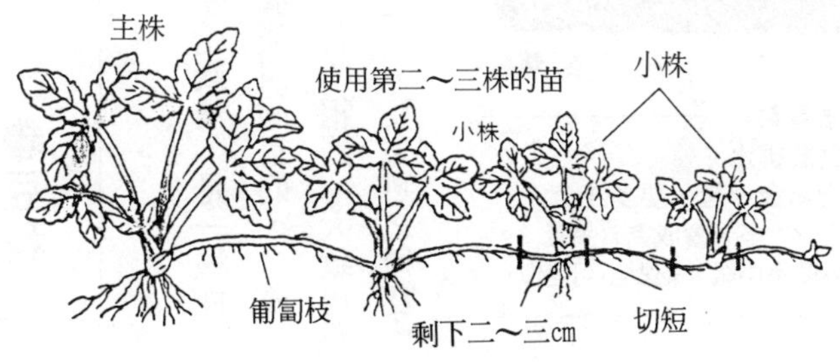

根又淺又廣，所以很怕乾燥。而覆蓋栽培法在這方面的防範很有功效。其他，也有防止地溫升高及果實受泥污的效果。

在收成之前，會受到野鳥的攻擊。如果連一顆也不想損失，只有使用防鳥網一途。

在陽台上種植時，如果是小型容器，就種植三株左右，種成一列。使用赤玉土中含有四成腐葉土者，並施入元肥。如果給與太濃的液肥，會負荷不了，所以在植入後，不施肥即可。

月	播種○	種植●	收穫■
3			
4			
5			■
6			■
7			
8			
9			
10		●	
11		●	
12			
1			
2			

●草莓的苗如果不在一定期間碰到五℃以下的低溫，就不會從休眠狀態中醒來。

豌豆

●豆科

■最古老的作物

據說從石器時代就開始栽種，是一種極為古老的作物。豌豆根據使用的目的，分成許多品種，豆莢的形狀也各不相同，大致可分為食用未熟之莢的莢豌豆，及未熟之種實（綠莢）、成熟了的種實三種。

由於種實有各種不同顏色，所以可分別用於味噌、醬油的釀造，及製作點心的材料。放在蜜豆中的紅色豆子亦是豌豆之一。

豌豆是很忌怕酸性土的作物。如果是酸性較強的田地，請撒一些苦土石灰耕作。在播作的十日前，就要將堆肥、雞糞、草木灰等做為元肥，從縫隙施入，做一個寬六十cm的畝。每三粒種子以三五cm為間隔播種，覆上二～三cm土壤。就算發芽了也不要拔除多餘的，就這樣來過冬。

在野鳥多的地區，播種之後請蓋上防鳥網。雖然豌豆的苗不怕寒冷，在零下四～七℃時亦能忍耐，但還是種植於日照良好的場所，只在根部放一些籾殼或泥炭就可以防寒了。

豌豆

栽培重點

■要勤於排水。
■碰到霜會浮起，要多注意。
■氮素分太多，會成為「呆藤」。
■難易度為中級。絕對不可連作。

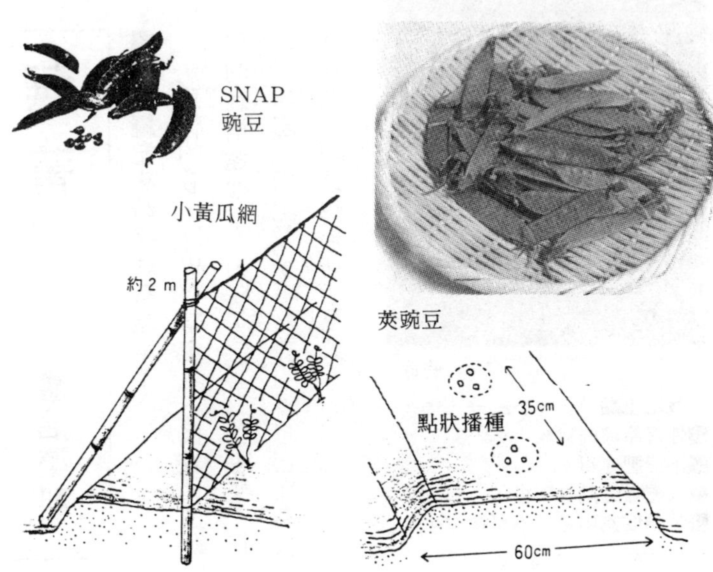

■立起支柱

如果想在初春時使其再度生長的話，就要立起支柱。使用小枝多一點的枯木或葉竹，或是在二根支柱間張起栽培小黃瓜用的網子，讓藤蔓纏繞。

豆類的根粒細菌會固定空中的氮素，所以不太需要氮素肥料。三月時將草木灰等磷分較多的肥料施於畝肩，是為追肥，再進行土壤集中。開花之後的二十～二五日後就可收成。收成的適期對莢豌豆來說，是在莢中現出果實形狀之前。

月	收穫■	種植●	播種○
3			
4			
5	■（翌年）		
6	■（翌年）		
7			
8			
9			
10			○
11			○
12			
1			
2			

●有莢、實皆可食用的品種——SNAP豌豆。

蕪菁

●油菜科

■在結繩記事時代就有栽培了

蕪菁的栽培歷史相當古老，據說比白蘿蔔的栽培還要早。別名為鈴菜或是蕪。在「三國志」中記載，諸葛孔明曾將它作為救荒作物，因此也稱作諸葛菜。

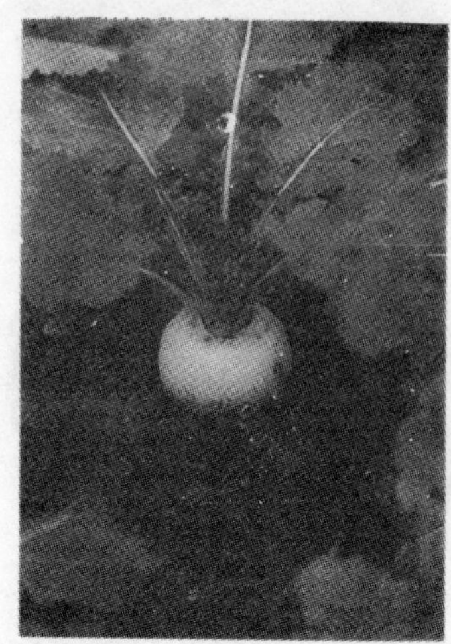

蕪菁

栽培重點
■性喜冷涼的氣候
■不追肥亦可。
■太乾燥的話會裂根。
■難易度為中級。不可連作。

其葉片中亦富含維生素A、B_2、C及鈣質，所以請勿丟棄。為了防範病蟲害，請在涼爽的九～十月中旬播種。

播種的一個月前，請在田地中以完熟的堆肥與草木灰當作元肥施入。好好地耕作一下。在幅寬六十cm的畝上，以十五cm間隔，挖掘幾條溝，直線方式播種，覆上一cm左右之土。播種時不要一次撒太多，分二～三回播種，可以長期間收成。

第一次拔除多餘者，在本葉一枚時，使株間間隔成三～四cm，第二次則在本葉三枚時，使株間間隔成為六～七cm，最後一次在根長到二cm之時，使株間間隔成了十cm。在拔除多餘者後，每次都要輕輕地集中土壤。

■在陽台上的栽植

由於蕪菁很容易栽培，所以也有人在陽

用板子來做溝、寬二cm，深一cm

「金町小蕪菁」（左）
「聖護院蕪菁」（右）

拔除多餘的之後，要集中土壤。

台上種植。在一個深十cm以上的容器中，放入赤玉土六成，腐葉土四成的栽培用土，再施入化成肥料，就進行直線方式播種。拔除多餘的要領與田地中相同。如果是種植在陽台上，就算是春天播種也不難管理。

蕪菁一旦長到一定的大小之後，就不會再長大。若是小型蕪菁的話，直徑到四～五cm時就是收成的適期了。如果太晚收成，根可能會裂開。

月	種植● 播種○	收穫■
3	○	
4		
5		■
6		
7		
8		
9	○	
10	○	
11		■
12		■
1		
2		

●日本信州名產「野澤菜漬」的野澤菜，是蕪菁的同類，但是食用葉莖的品種。

京菜

●油菜科

■日本特產的醃漬菜

變種油菜、野泥菜、體菜等適合作醃漬物的油菜科葉菜類，可以總稱為醃漬菜。京菜也是這些醃漬菜的一種，只有在日本栽種。由於栽培時，要將水引入畝間，所以有水菜之別名。另外，也有稱作千筋菜。京都的千枚漬中使用的一種壬生菜，雖然也被稱作京菜或是水菜，但其實是葉子呈鏟型的別種。

京菜有消除鯨魚肉腥味的效果，另外，就算煮很久也不爛，很有咬勁。

京菜（左）與壬生菜（右）

栽培重點

- ■有耐寒冷。
- ■株長十cm時以氮素分追肥。
- ■葉之黃化疑為濾過性病。
- ■難易度為初級。可連作。

■播種時勿播的太厚

由於京菜怕炎熱，所以在進入九月之後，才開始播種。在已施入堆肥，並耕過了的田地中，做一個寬六十cm的畝，挖二條十cm寬的溝，以直線方式播種。因為每一株都會長得很大，所以請注意不要播種得太厚。

覆上一公分的土。在株長五cm、十cm、十五cm時，分別都要拔除多餘的，最後使得每株間隔三十cm。就如同「千筋菜」之別名，其分枝力非常強，葉子會不斷地增加。長到很大株之後再收成。

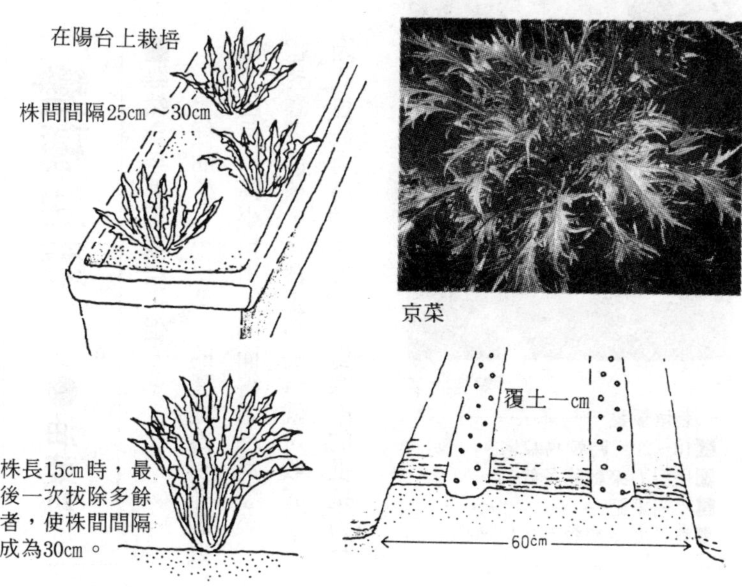

京菜

■在陽台上種植

由於其性質很強，也適合在陽台上種植。

在混了同量的泥炭腐植質與蛭石的用土中，稀稀落落地零亂播種，覆上夠遮蓋種子的土壤。一邊拔除多餘的，一邊培育，當本葉長到五～六枚時，就可定植於陽台上。

陽台上的用土為赤玉土四成與腐葉土六成。施與化成肥料當作元肥。九月播種者，十二月時收成，在第二年也可以享受。

月	播種○ 種植●	收穫■
3		
4		
5		
6		
7		
8		
9	○—○	
10		
11		
12		■
1		│
2		■

注・蛭石　園藝用土的一種。

●可以長期間栽培。用於壽喜燒，或直接油炒也很美味。

變種油菜

●油菜科

變種油菜

栽培重點
- ■10～20℃時較易栽培。
- ■用剪刀來剪除多餘的。
- ■不需追肥。
- ■難易度為初級。可以連作。

■雖然全年都可栽培，但……

變種油菜（小松菜）的產地為現在的東京、江戶川區小松川，因而得名。與冬菜一起於春天播種，在黃鶯啼鳴時就可收成了，因此也被稱為「鶯菜」。對寒冷的抵抗力特強，在雪地中也能培育得非常青翠，是在綠色蔬菜不足的季節中，一種被依賴的存在。

含有豐富的維他命A、C、鈣、鐵等成分，可作煮物、湯料、炒菜，是全能蔬菜。

雖說是從三月中旬～十月中旬，不論何時都能栽培，但盛夏的病蟲害發生率太大，所以還是三月的春播與九月的秋播，較容易種植。不用選擇田地，在短期間就可收成，又可連作，是最適合家庭菜園條件的蔬菜。

在施過堆肥的田地中，做一個寬四十㎝的畝，再挖一道寬十㎝的播種溝，將種子零亂地散入。

發芽之後，將擁擠的地方拔除一些。本葉長到五～六枚之前，都要適度地拔除，最後使株間間隔為五～六㎝。拔除不要的苗，也可以作為湯料來利用。

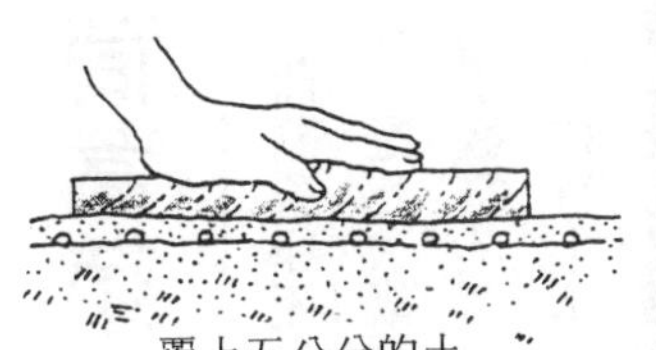
覆上五公分的土，用板子輕壓。

被拔除的也可利用

本葉長到一～二枚時，就可用剪刀剪除多餘的。

最後的株間間隔
5～6 cm

整株長到十五cm，本葉七～八枚時，就可以順序地收成了。雖然是不怕寒冷的蔬菜，在嚴冬還是在畝的北側架一些箭竹，多少做一些防寒的工作較好。

■在陽台上栽培也很簡單

用赤玉土七成與腐葉土三成混合而成的土壤。做幾道十cm為間隔的播種溝，以直線方式播種。發芽後的管理與田地的情況相同。拔除多餘的時候，為了不傷到剩下的苗根，請用剪刀來剪除多餘的。

月	播種○　種植●	收穫■
3	○	
4	○	■
5		■
6		
7		
8		
9	○	
10	○	
11		■
12		■
1		
2		

●遇到寒冷，會增加甘味，澀味亦會減少。

茼蒿菜

●菊科

茼蒿菜原產在地中海沿岸。具有獨特的香味，是吃火鍋食不可少的材料，在歐美則只為了觀賞其黃色花朵而栽培。

品種有小葉、中葉、大葉。小葉的味道太強，最近已不太栽種了。一般是種植香味較弱，生長較快的中葉種。在葉片上有很深的刻痕。很少有病蟲害，對炎熱、寒冷的抵抗力也很強，很容易種植，含有豐富的維他命C、B_2、胡蘿蔔素、鐵、鈣等，是一種適合家庭菜園的蔬菜。

冬的茼蒿菜

栽培重點

■選擇日照良好之處。
■就算不肥沃的土壤，也可不施肥。
■也可在陽台上種植。
■難易度為初級。可以連作。

■秋播最為適合

生長溫度為十～二十℃，性喜冷涼的氣候。發芽溫度為十℃，一般是直接播種在田裡，但是也可先播種在箱子中育苗，再移植的方式。雖說全年都可以播種，但主要還是以四～五月的春播與九～十月的秋播爲中心。如果在寒冷的環境中生長，會收成到纖維質較少，較柔軟的茼蒿菜，所以秋天播種是最為適合的。春天播種，很容易會開花，所以要提早收成。

畝寬六十㎝，間隔二十㎝挖一條播種溝

留下下葉五～六枚，其餘摘掉。

茼蒿菜

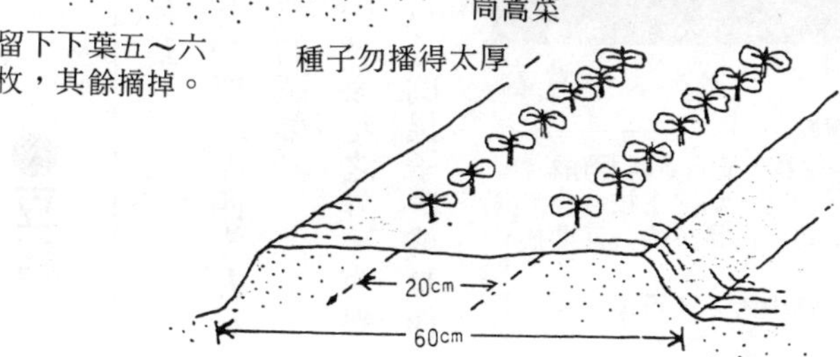

，為了使發芽順利，不要播得太厚，以直線方式播種，薄薄地覆蓋一層土壤。到發芽之前，要耗費不少時間，在中途如果一乾燥，就請灌水。

由於初期生長較緩慢，所以請多注意雜草。本葉長到二枚時，將生得太密的部分拔除多餘者，最後使株間間隔為十～十二cm。

■使長出分芽

在整株長到十二cm前後，本葉十枚左右時，餘下四～五枚下葉，將莖的中心摘除，使長出分芽，此分芽也可收成二～三次。

月	播種 ○	種植 ●	收穫 ■
3			
4	○		
5	○		
6			■
7			■
8			
9	○		
10	○		
11			■
12			■
1			
2			

●春季，出貨太遲的話，會開花，此時，也有人把花剪下來，當鮮花賣。

蠶豆 ●豆科

■生長季很短的季節性蔬菜

生長季是四月～六月的四十～四十五日左右，是一種季節感很強的蔬菜。

未熟的果子可以用鹽煮來吃之外，完熟的種子可作煮豆、甘納豆等的果子，或是作為味噌、醬油的材料。高蛋白質之外，亦含多量的維他命B、C，是營養價值高的作物，葉、莖等亦可作為肥料，或家畜的飼料。

其豆莢一開始是朝向天空的向上生長。但等到果實大了以後，豆莢就朝下了。

品種有種子很小、數量又多的長莢之中、小型，以及種子很大，只有一～二粒的大型種。

蠶豆

栽培重點

- ■拔除多餘者，使一處剩下兩株。
- ■三月下旬時，切除主枝。
- ■四月下旬以後長出的分芽要摘掉。
- ■難易度為中級。不可連作。

■將「齒黑」部分朝下播種

播種的標準時期是各地初霜的十日前，關東的話是十月中～下旬。性喜輕土、火山灰土中磷酸分太多，培育不好。在田地中掘溝，放入堆肥，再埋起來。接下來的堆肥的另一道掘溝，以三十㎝間隔，各撒二～三粒種子。將種子上被稱為「齒黑」的黑色部分朝下種植。如果前作還在田地中時，可先播

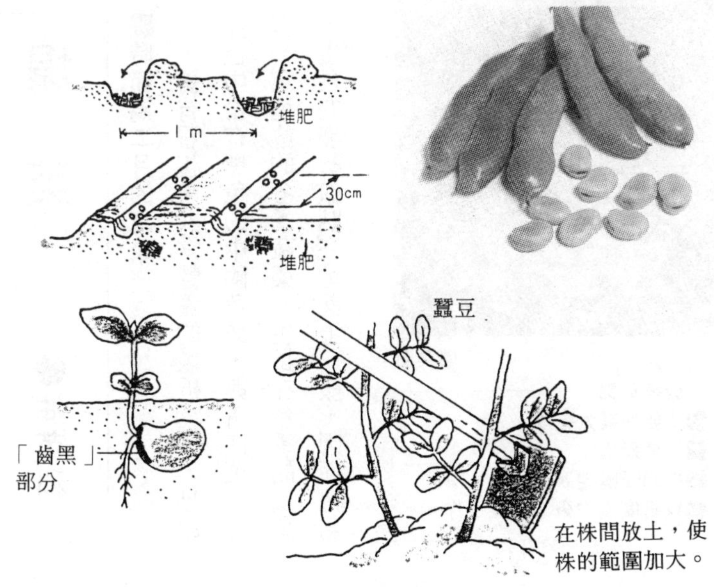

種在塑膠花盆中，等到本葉二～三枚時再移植。由於是豆類，要控制氮肥的分量，以米糠、骨粉等含磷酸分，及草木灰等含鉀鹽分的肥料，在十一月下旬及一月時，於株間進行追肥，並輕輕地集中土壤。另外，在三月時也要追肥，但此時的集中土壤方式，要將土放入兩株的中間，使株橫的打開，這樣才能受到更多的日照。這樣一來，在莖的下部也會結實了。

　當豆莢發出光澤，從莢的外部也能看出果實的樣子，背筋轉黑時，就是收成時期了。

月	收穫■	種植●	播種○
3			
4	■		
5	│		
6	■		
7	（翌年）		
8			
9			
10			○○
11			
12			
1			
2			

●與碗豆相同，怕熱不怕冷。在氣溫二〇℃以下時播種。

塌菜

●油菜科

■時節為二月的蔬菜

擁有看起來非常營養的皺折葉子，是濃綠色中帶有黑色的中國蔬菜，與青江菜一樣有一定地位的冬季蔬菜。生長在冬季的塌菜，生長的姿勢似貼在地面上一般，因而得名。別名為如月菜，其生長季節為二月。

也可以在春天時播種，但這樣情況下其生長速度較快，成了葉子立起來的狀態，看起來好像別種蔬菜一樣，外觀全然不同。遇到寒冷，其甘味會增加，由於性怕炎熱，秋天時播種較適合。含有豐富的維他命A、C、鐵、鈣等。

在已施入堆肥、油粕等做為元肥的寬六十cm之畝中，零散地播種，薄薄地覆蓋土壤後，進行灌水。由於很怕炎熱，就算是秋天播種也不要太早播種，這樣就沒問題了。

本葉長到一枚的時候，開始拔除多餘者，葉子一互相接觸時，就拔除，到了本葉五～六枚時，最後的株間間隔為十五～二十cm。拔除的苗可以使用在濃湯中。

■以氮肥進行追肥

塌菜田

栽培重點
■不要使其太乾燥。
■注意蚜蟲。
■株間間隔要廣。
■難易度為中級。不能連作。

塌菜

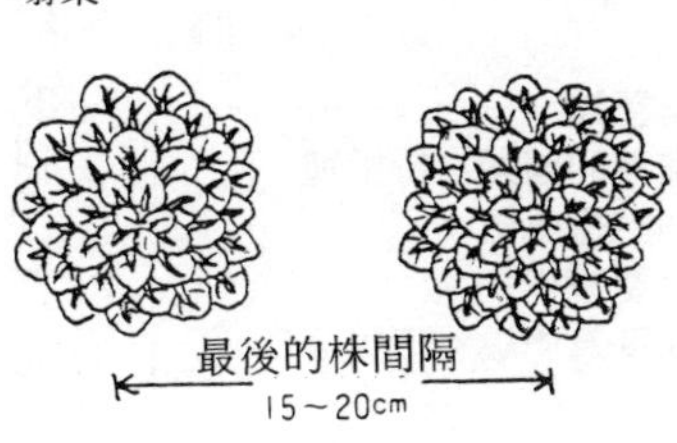

本葉四～五枚時，以氮素較多的肥料施於株間，做追肥。如果葉子的顏色仍不變深，在十二月時再追肥一次。株間土如果變硬，用移植鏟將表土淺淺地擢一擢，做為中耕，將氧氣送入土中，促進根的生長。土壤太乾燥時，請於株間灌水。灌水時為不使地溫下降太多，請必於上午時進行。

十二月中旬開始就可收成了，但長得愈大，葉肉也愈厚，愈柔軟，所以請使其充足地遇寒，到甘味出來以後再收成。秋天播種，也不用擔心期限。請一直培育到直徑二十cm左右。

月	播種○	種植●	收穫■
3			
4			
5			
6			
7			
8			
9	○		
10			
11			
12			■
1			│
2			■

●炒塌菜時放入大蒜碎片、鹽，以大火炒，非常美味。

洋蔥

●瓜科

■從紀元前就開始栽培

洋蔥的栽培歷史很長，從希臘、羅馬時代就已經是主要蔬菜了。像是野生種者並未被發現，所以原產地不明。

咖哩飯、漢堡、燉肉湯等的料理一般化後，使得洋蔥的消費量激增，現在日本緊跟在美國之後，成了世界第二大的生產國。

洋蔥雖然是春夏秋冬皆能吃到的蔬菜，但其真正的季節則是五～六月。

洋蔥

栽培重點

■在播種的適期進行播種。
■苗勿植得太疏。
■一定要輪作。
■難易度為中級。不可連作。

■育苗成功，就不會失敗了

如果好好地育苗，再植入肥沃的田中，是一種不用花太多工夫的蔬菜。有人說「苗半作」，就是說如果育苗成功，此作物就已經長成了一半。這種說法，若用在洋蔥身上，可說成「苗七分作」。但是，開始嘗試種植時，買市面上販賣的苗來種植也可以。

■在播種的兩個月前施肥

晚生種洋蔥的播種期為九月，為了不引起「肥料燒」預定種植的土地，在二個月前就要開始以堆肥、雞糞、油粕、米糠等作為元肥，進行施肥。

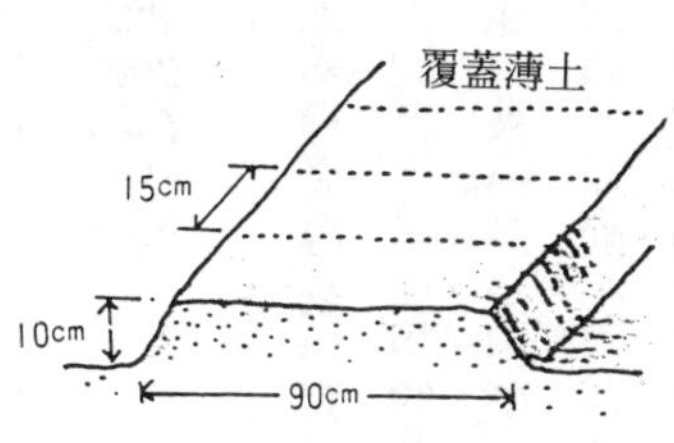

收成前的洋蔥

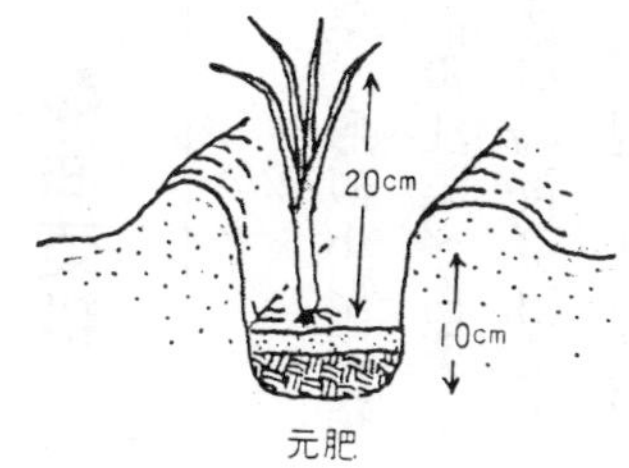

元肥

冬季在道路上以堆肥進行追肥

九月中旬時，做一個寬九十cm，以十五cm為間隔直線播種，覆上足夠蓋住種子的土壤，為了防止乾燥，要鋪上麥桿。種植的時期是十一月中～下旬，做一個與苗床相同寬九十cm的畝，掘四條溝，將長到二十cm的苗，以十五cm為間隔種入，再踏到牢固。

莖變黃倒下後，就可開始收成。拔下的洋蔥，在田地中使其乾燥二～三日後，每五～六個綁成一束，吊起來。

	月	3	4	5	6	7	8	9	10	11	12	1	2
收穫	■			■	■								
種植	●									●●			
播種	○							○					

註・「肥料燒」肥料的濃度太濃或是向未成熟，因而傷害到根部。

●要任何時間都能吃到好吃的洋蔥的話，一定要吊在通風處保存。

青江菜

●油菜科

■秋天播種者容易培育

中國有許多種類的蔬菜，形似小型不結球菜類，被稱為小白菜，而青江菜、白菜也是其同類。以前，青江菜被稱為青莖白菜，而白菜則被稱為白莖白菜；而現今則各被通稱為青江菜與白菜。

青江菜已成為極為普通常見的蔬菜，春天播種的青江菜，在青菜不足的夏季，是一種珍貴的綠色蔬菜。不論那一種都含有豐富的維他命類。

白菜的種植方法以青江菜為準。

雖然不太怕炎熱，在夏季也可栽培，但比較容易種植的還是春播與秋播。特別是秋播時可以收成到大型的良品，因此在家庭菜園中以秋播較適合。田地不太需要選擇，稍微有點濕氣的比較好，如果太乾燥的地方則需灌水。

■播種時不要撒得太厚

在播種的十日前，施與堆肥、油粕等，耕作一下。使用六十㎝寬幅的畝也可以，但如果不需種植太多的情形，則使用寬十五㎝

勿使青江菜的田地太乾燥

栽培重點

- ■稍微怕寒冷。
- ■拔除多餘的以後，用氮肥進行追肥。
- ■不要種得太密集。
- ■難易度為初級。不可連成。

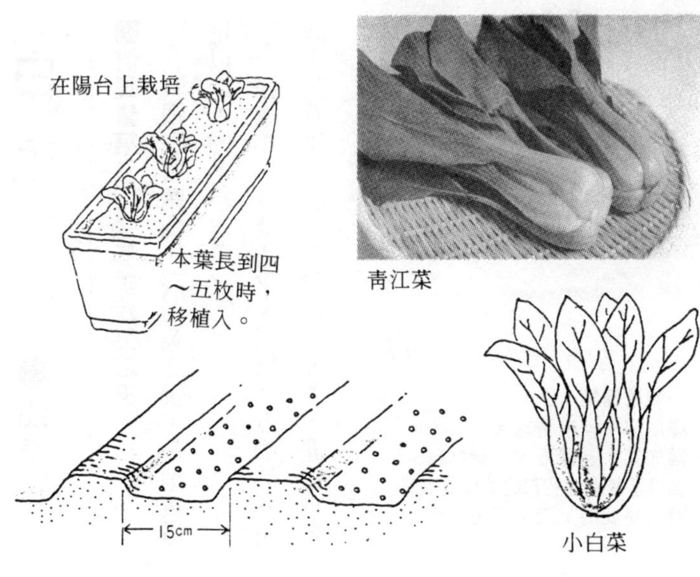

的平畝，每二cm間隔散亂地播種。

發芽得太多的話，不容易拔除多餘的，因此請注意不要播種得太厚。覆土只要能蓋住種子就可以了。隨著其生長，為了不使葉片重疊，要進行數回拔除工作，一直到最後使株間間隔為十～十五cm。拔下來的菜還是可以使用。春播的情況，較容易長蚜蟲，所以請覆蓋著寒冷紗來進行培育。

播種在塑膠花盆裡，本葉長到四～五枚時，定植到陽台上。

整株長到十五～二十cm時就可收成了。

月	播種○	種植●	收穫■
3			
4	○		
5	○		■
6			■
7			
8	○		
9	○		
10			■
11			■
12			
1			
2			

●含有維他命類、胡蘿蔔素、鉀、鈣等，纖維質也很多。

白菜

●油菜科

白菜

栽培重點
■用寒冷紗來防蟲。
■如果太遲播種，不會結球。
■得了濾過性病毒的菜株要丟棄。
■難易度為上級。不可連作。

■消費量第三，是冬季蔬菜之王

緊跟在白蘿蔔、高麗菜之後，是消費量足以誇人的冬季蔬菜之王。

在東洋，是醃漬物、鍋物、煮物等不可缺少的蔬菜，特別是韓國的泡菜，非常有名，而在歐美卻幾乎沒種植。

白菜中有一品種叫山東菜。結的球比白菜鬆，葉子也較平的感覺，常被用在鹽漬或韓國泡菜。栽培方法以白菜為準。

■秋播時也要儘量晚點播種

白菜有春播與秋播兩種，因為性喜晝夜差大的冷涼氣候，所以秋天播種，冬天收穫這種較容易種植。

白菜很容易生軟腐病、黏病等，也容易招致蚜蟲、根蟲等蟲害，是不用農藥很難栽培的蔬菜。最好避開炎熱時期，多病蟲害的時候，儘量遲一點播種，以使其能一舉生長的方針。

■多用肥料來栽培

在充足施了堆肥等有機質的田地中，做一個寬六十㎝的畝，用啤酒瓶之類瓶子的底

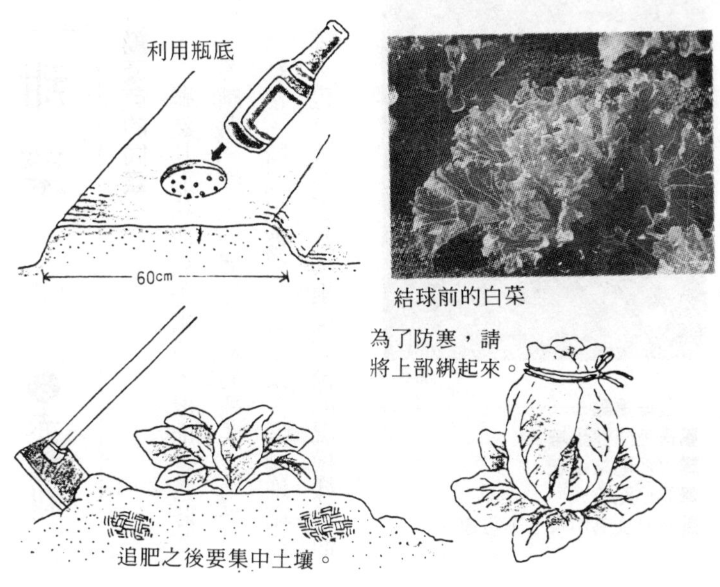

結球前的白菜

部，每四十㎝間隔做出一個坊窪，一處各撒七～八粒的種子。本葉長到三～四枚時，進行第一次拔除工作，剩下三株。等到本葉增至六～七枚時，進行第二次拔除，使得一處各剩一株。在最後一次拔除之時，請在株周圍以含氮素多的肥料進行追肥，在畝肩中耕。

十一月時開始結球。如果想將它一直留在田地中的話，為了要防寒，請將外葉的上部綁起來。

月	3	4	5	6	7	8	9	10	11	12	1	2
收穫■									■	■		
種植●												
播種○						○	○					

●要在嚴冬期貯藏的話，請用報紙包起來，放入Dowv Bowl中。

甜菜

●赤糖科

■菠菜的同類

雖然其形狀與蕪菁相似，但卻是與菠菜、不斷草一樣，同屬赤糖科的蔬菜，由於呈深紅色，所以也被稱為火焰菜、珊瑚珠蘿蔔等，也有因為看到其根橫切後的渦模樣，而叫它渦卷蘿蔔的。是砂糖蘿蔔的同類。

用薄鹽煮一個鐘頭左右，就可使用於沙拉菜或煮物料理。煮過之後，皮用手就能簡單地剝下來。由別的東西同醃時，要小心褪色染到別的東西。

■種子要浸一晚上水

從春天開始到秋天為止，任何時候都可以播種，但在四月與九月時，病蟲害發生的機會較少，較容易種植。由於性不喜酸性土壤，因此看情況要加入苦土石灰加以中和。在施了堆肥又耕作過的田地中，做十五cm的畝，約四cm為間隔，零亂地播種。

為了使種子容易發芽，請先浸一晚上的水。另外，由於一粒種子就會長出二～三枝芽，所以請注意不要播種播得太厚。

發芽後，隨著其生長情況，將太擁擠的

甜菜

栽培重點

■避免酸性土壤。
■用鉀肥來追肥。
■要早點收成。
■難易度為中級。不可連作。

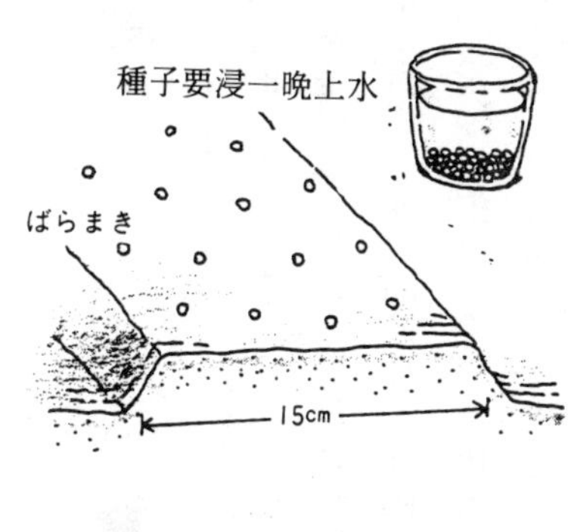

甜菜

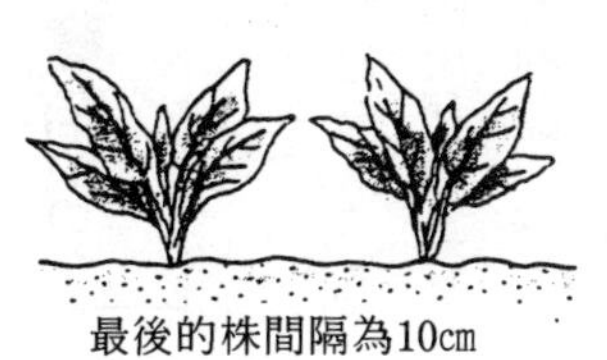

最後的株間隔為10cm

直徑五～六cm時收成

部分拔除，最後一次拔除後，使株間間隔為十cm左右。在約二個月的栽培期間中，要進行二次以草木灰等鉀分較多的肥料在株間追肥，以增加甜味。

播種過後的約六十日後，當根的直徑長到五～六cm時，就可收成了。如果太肥大，纖維質增加，味道會急速惡化，必須注意。

將根的上部切下來，置於放有水的器皿中，使其長出芽來，不久就會長出鮮紅色的葉、莖，是最好的室內裝飾。

月	收穫■	種植●	播種○
3			
4			
5			
6			
7			
8			
9			○
10			
11	■		
12			
1			
2			

●根、莖、葉都是紅色的，可當作天然著色料使用。

蕗

●菊料

蕗

■早春的味道，蕗苔

蕗是屬於少數日本原產蔬菜之一，在日本全國自生，從以前就被當作山菜利用。

「愛知早生」是在早春出貨的蕗，整株約長一m。由於葉柄呈淡綠色，而基部卻是紅紫色，因而也被稱為紅蕗。

「水蕗」比愛知早生小型，且晚生。香味很好，又很柔軟。

「秋田蕗」的葉柄長二m，葉片的直徑一‧五m，是衆所周知的大型蕗。是為晚生種，葉柄有空洞，肉質也很硬。大部分都作為砂糖漬等果子的原料。

蕗苔的從蕗的地下莖（根莖）中伸出來，被苞葉包住的蕾。早春時會被當作蔬菜置於店頭，其獨特的香味與微苦，與蕗一樣，可說是充滿野生味的日本味道。

由於種植蕗時是地下莖著手，不太容易種植，所以一般都不太種植，和蘘荷一樣，是想種在田中一個角落的蔬菜。

■種入地下莖

栽培蕗的時候，要種植地下莖。從商店

栽培重點
■性喜濕潤的土地。
■四～五年就要將株更新一次。
■蕗苔要早點收成。
■難易度為中級。

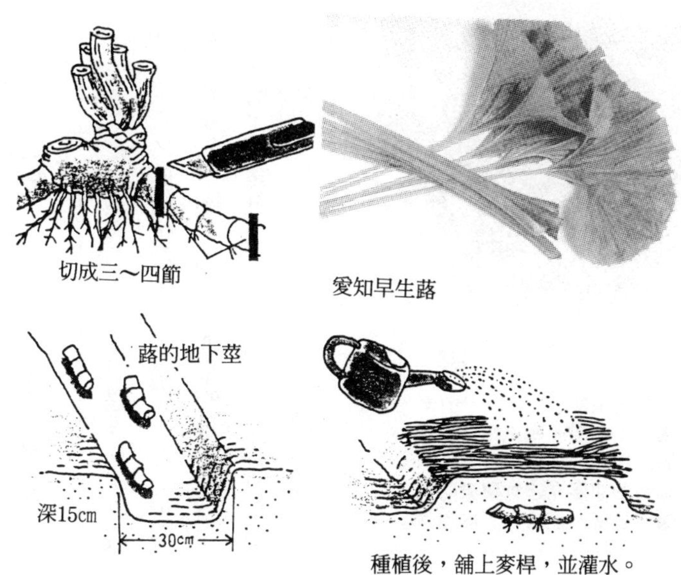

種植後，舖上麥桿，並灌水。

買到的地下莖，切成十五cm左右，約留有三～四節。放入完熟了的堆肥、油粕等做為元肥，放入四～五公分間隔土，其上置入地下莖，再覆土五～六cm。

種植下去後，在畝上舖麥桿，並灌水。由於性喜濕氣，在半日陰下培育也很好。

蕗苔是二～四月收成，蕗則在四～六月收成。連續收成四～五年後，株的形態會衰敗，所以要將地下莖再植入別的田地中。

月	種植● 播種○	收穫■
3		
4		■
5		│
6		■
7		
8		
9	●	
10		
11		
12		
1		
2		

●石蕗不是蕗的同類。

菠菜

●赤糖科

菠菜古稱菠薐草。菠薐就是波斯，在波斯從很古老的時代就開始栽培了。在七世紀左右時傳入中國，那時傳進來的是被稱為在來種的，莖呈紅色的東洋種。東洋種葉尖很尖，刻痕多且深，葉肉很薄，不澀的種類。

菠菜（F_1）

栽培重點

■種子要浸一晚上水。
■只用元肥來培育。
■嚴冬期要立起竹叢來防寒。
■難易度為上級。不能連作。

另外，被稱為西洋種的菠菜，其葉很寬大，刻痕少，葉肉厚，有泥土味的種類。

現在，出現在市場的幾乎都是東洋種與西洋種的F_1（一代雜種），但也有人批評說滲了西洋種的菠菜，變難吃了。

■F_1在秋天播種較容易種植

菠菜本來是喜歡冷涼的氣候，害怕炎熱的蔬菜。由於品種改良，變成全年都可以栽培，但仍是以秋天播種的較容易種植，也最好吃。

雖然F_1與東洋種比起來，稍稍少了一點點高級的味道，但是它容易一齊發芽，不怕病蟲害，收穫量多，播種時期也長，所以在家庭菜園中，還是種這種F_1最好。

將堆肥、雞糞、油粕等元肥，事先充分施入，並在田地中做一個寬九十㎝的畝。菠

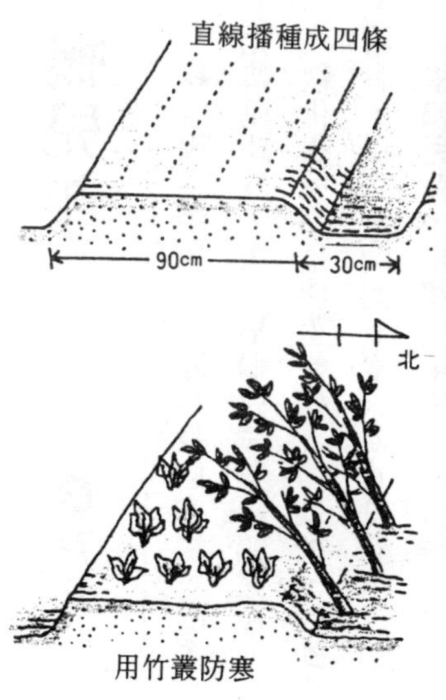

用竹叢防寒

波菜

將葉子張開，以過冬。

菜不喜酸性土，請用試藥或計器在紙上量量看（量法請參照一四八頁），如果酸性太強，請撒苦土石灰。

播種於變涼了的九月秋分時開始，直線播種，播四條，覆上夠蓋住種子的土。由於種子很小，很容易就會播種得太厚，所以爲了要使種子散開，請用指尖捏著似地播散。

■一邊拔除多餘的一邊收成

發芽之後，就可以開始拔除多餘的，直到本葉長到四～五枚時爲止，使枚間間隔爲五～六cm。從最大的株開始依序收成。

月	3	4	5	6	7	8	9	10	11	12	1	2
收穫■									■	—	—	■
種植●												
播種○							○	—	○			

●菠菜澀味的主成份——suwe酸，煮過後就會溶出，用水一沖就沖掉了。

鴨兒芹

●芹科

栽培鴨兒芹時，根據其栽培方法，除了軟化鴨兒芹外，還有根鴨兒芹與綠鴨兒芹。

軟化鴨兒芹是使莖軟化，伸長後，長到夠粗者，從春天開始到夏天為止都有。

根鴨兒芹，是將土壤集中至根株，使其軟化，因此葉柄很短，早春時，連根一起出貨。

綠鴨兒芹則是露天栽培的莖，不使其軟化的種類。綠鴨兒芹中含有豐富的鈣、維他命C等，而軟化了的營養價值則不高。

鴨兒芹

栽培重點

■避免日光強烈直射

■到發芽之前都要舖上麥桿。

■以密植方式培育。

■難易度為上級。不可連作。

■綠鴨兒芹以秋播栽培

不經軟化的綠鴨兒芹，香味很強，適合短期間栽培的家庭菜園。

鴨兒芹性喜冷涼的氣候，半日陰，及稍微濕潤的土壤。雖然是強壯的蔬菜，但排水若不良就容易生病。

以堆肥為中心的元肥混合入土，在寬六十㎝的畝中，以十五㎝間隔，掘深五㎝的播種溝，將浸了一夜水的種子播入。種子有好光性，所以覆土只要二～三㎝，薄薄地即可。

在發芽之前約需二週的時間，請注意不

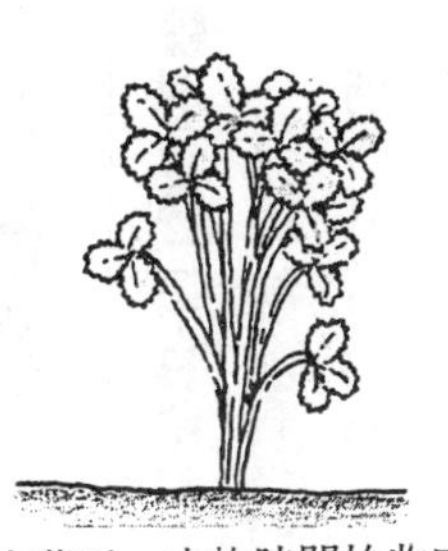
本葉五～六枚時開始收成

綠鴨兒芹

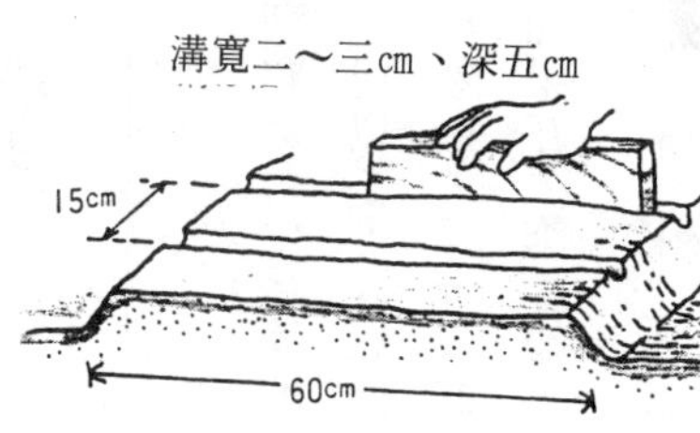

種子要浸一夜水

要讓它太乾燥。

■以密植來培育

發芽之後，不太需要拔除多餘的，以稍稍密的情況培育。這樣較能防止乾燥，使其軟化，並培育成較柔軟。

到收成之前約五十～六十日。每株都拔起來也可以，但如果從地面上二～三㎝割下，把根株留在土中，就會再度長出新芽。

不能不注意的害蟲為蚜蟲與hudderne。太乾燥了就會生出hudderne。

	月	3	4	5	6	7	8	9	10	11	12	1	2
收穫	■				■	—	■		■	■			
種植	●												
播種	○		○	○				○					

●除了日本之外，在朝鮮半島，中國大陸，也有自生。

小紅蘿蔔

●油菜科

小紅蘿蔔

栽培重點
■性喜冷涼的氣候。
■定植之時，不要埋住葉片的部分。
■多用堆肥。

■別名為二十日蘿蔔

這是在歐洲栽培的小型蘿蔔，生長速度特別的快，只需有二十天就可以了，因此被命名為「二十日蘿蔔」，實際上，二十天就可以長成是只有在夏天，如果在冬季種植，到收成為止約需六十日。

普通是呈「彗星」一般鮮豔的紅色，圓型的品種，而最近，上部為紅色，下部則白、紫、黃等都有，形狀也有橢圓形、長條形等各種品種。除了盛夏的一段時間之後，幾乎整年都可以栽培，但因為其生長適溫為十五～十六℃，所以在春天或秋天播種，長出來的果實其顏色與形狀都較漂亮。在家庭中，一次並不需要使用很多，因此將播種的時期分散，一次播一些，這樣就可以在長時間內不斷地收成。

■株間間隔太近，不會太圓

將堆肥從其隙間施入，做一個寬八十cm的畝，每十五cm為間隔，挖一條播種溝，以直線方式播種。

因為三～四天就會發芽，因此要將生得

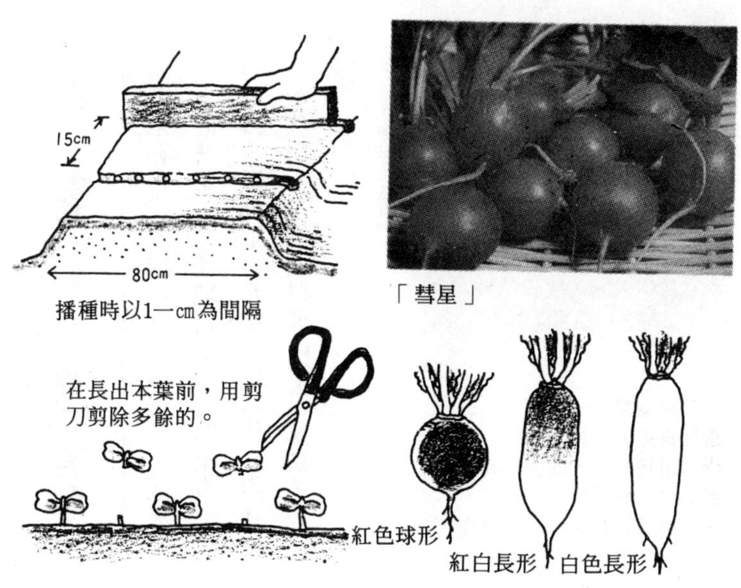

「彗星」

太密的部分拔掉，以後，在本葉長到三枚時，要使其間隔為五cm，適當地進行拔除工作。

當本葉長到五～六枚，根的直徑到二～三cm時，就可收成了。若長得太大，蘿蔔會糠掉，請注意。如果本來應該是圓的品種，卻長不圓，大概是因為株間間隔太窄了。

夏季栽種時，要蓋上寒冷紗，防止炎熱。另外，播種之後，為了防止種子被野鳥吃掉，在野鳥多的地區請用防鳥網。

在陽台上培育的時候，請用市面上販賣的園藝用土，加上少許化學肥料混合，將種子零散地播入。本葉長到二～三枚時，使株間間隔約四cm左右。拔除工作做完後，請施入淡淡的液體肥料。

月	種植● 播種○	收穫■
3	○	
4	○	
5		■
6		
7		
8		
9	○	
10	○	■
11		■
12		
1		
2		

●雖然其葉片有苦味，但也有食用葉片的品種。

韮蔥 ●百合科

韮蔥在古代的埃及就已栽培了，因歷史很古老的蔬菜，原產地是地中海的東方沿岸地方。傳入歐洲則在希臘羅馬時代。現在也被大量栽培，在法國料理中不可或缺，是一種極普遍的蔬菜。

韮蔥

栽培重點

■性喜涼爽氣候。
■三用播種時，需使用溫室。
■提早收成。
■難易度為初級。可以連作。

其葉片非圓筒狀，而是扁平狀，有獨特的甜味，常被利用於煮物或是濃湯。

■育苗

韮蔥屬百合科，栽培方法也非常相似。

由於不喜酸性土，如果要用酸性較強的田地種植的話，請先灑入苦土石灰，再耕一耕，以中和土性。做一個寬約二十㎝的畝，以二㎝為間隔，散亂地播入種子。

覆上薄土之後，為了防止乾燥，請儘量舖上麥桿、粉殼等。

發芽之後，為了不使其太擁擠，請分二～三回進行拔除工作。如果是秋天播種的話，育苗約需二個月。

■種入苗的要領與根深蔥相同

十一月時，挖一條深十五㎝的溝，將苗於溝的一邊以十㎝為間隔插入，放入二～三

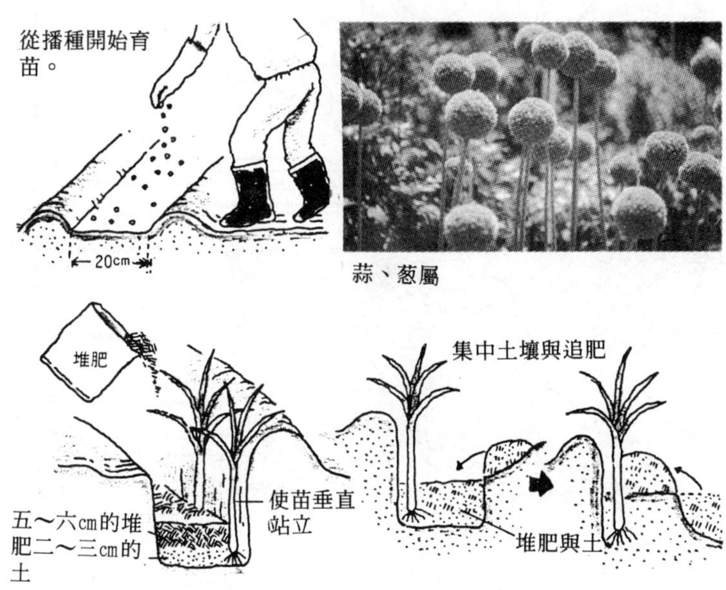

蒜、葱屬

cm的土。為了防止乾燥，請放入麥桿碎或堆肥五～六cm。

進行三回左右之集中土壤，每一次都要施與堆肥。第一次是在種下後的四十～五十日，第二次是再四十～五十日後，第三次則是收成的三十～四十日前為標準。

軟白的部分約長二十五～三十cm，粗約四cm時就可進行收成了。

月	收穫■	種植●	播種○
3			
4			
5	■		
6	■		
7	（翌		
8	年）		
9			○
10			
11		●	
12			
1			
2			

●早春時開的花，被用為花道的花材。

秋天的蔬菜園

充滿維他命——各種豆芽菜

蔬菜的種子剛剛發芽的幼芽，含有許多維他命類及豐富的礦物質。在室內也可種植，不佔空間，所以請享受各式各樣的豆芽菜吧！

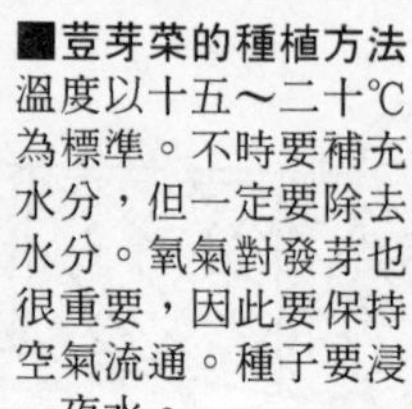

■荳芽菜的種植方法
溫度以十五～二十℃為標準。不時要補充水分，但一定要除去水分。氧氣對發芽也很重要，因此要保持空氣流通。種子要浸一夜水。

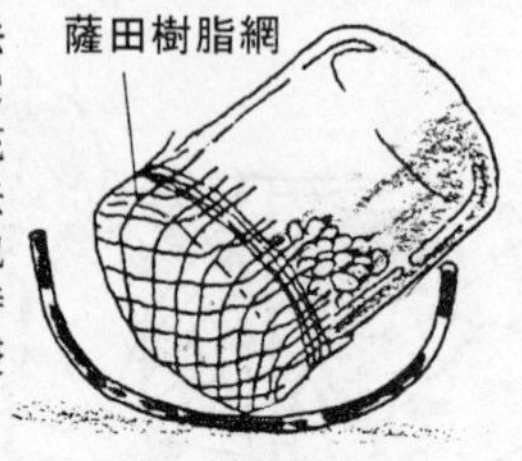

將玻璃瓶上方以網子套住，倒過來倒乾水分，用錫箔紙包住。

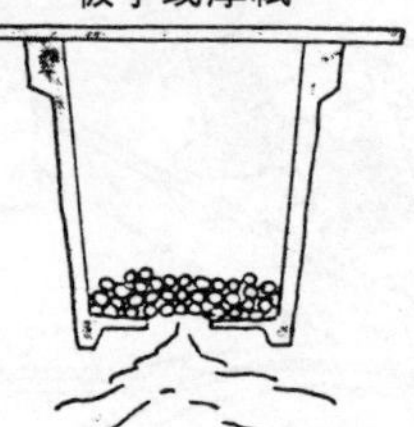

將洗淨的材料放入清潔的花盆中，也有放在木頭上的。一日注入數次水。

苜蓿

黑豆

豌豆

第五章　種植蔬菜的基本知識

栽培蔬菜的用語

立一枝 在一個地方只立一株。或是只照料主枝。

畝 為了種植作物而堆起的土。較好作業，也利於排水。有平畝、高畝等。

化成肥料 參照一四九頁。

活着 連著根。

花蕾 集合嫩蕾而成的塊狀。

灌水 澆水。

寒冷紗 洞大質薄之布 參照一五八頁。

苦土石灰 石灰的一種，使用於中和酸性土。

結球 高麗菜、白菜等葉子結成的球形。

照立三枝 除了主枝之外，還要照顧另外二枝嫩芽來培育。

直播 參照一五四頁。

鋪麥桿 為防止乾燥、保溫而在根部鋪上的麥桿。

子葉 發芽後，最初長出的雙葉。

直線播種 參照一五四頁。

堆肥 將落葉、麥桿、菜屑、雞糞、米糠等堆積起來，使其重覆發酵、腐植而成的肥料 參照一五四頁。

駄溫鉢 比一般用較高的溫度燒出的園藝用鉢。

中耕 在作物生長到一半時，將田中的表土輕輕耕耘。

頂芽 生長於株的頂端之芽。

追肥 補充元肥而給與之肥料 參照一五二頁。

接木苗　在對病蟲害有抵抗力的植物上，接上其枝的植物。例：將葫蘆的根、莖接在西瓜的莖上。

集中土壤　為了防止根部露出來，或是倒下，而將土壤集中至莖下。參照一六一頁。

呆藤　施肥太多造成只有莖葉繁茂的情況。

定植　將菜株最後的植入。

摘芯　將作物的頂芽摘掉。為了停止株的生長，或是使其長出分枝，而進行的。

點播　參照一五四頁。

薹立　花莖太長的狀態。通常都是過了食用適期。

軟白　不讓葉或莖見到陽光，使其長成白白、柔軟的樣子。

泥炭腐植質　使泥炭乾燥而成的。

肥料傷　由於低溫或是濃度太高而使根部受到肥料傷害。

平畝　參照一五四頁。

覆土　播種之後，覆蓋上土壤。

腐葉土　以廣葉樹的葉其腐植成分為中心的土壤。可在園藝店中買到。

分蘗　將靠近根的莖分枝。

保溫罩　為了保護幼苗，而將塑膠薄片做成帽子狀，蓋著。

聚乙稀覆蓋栽培法　由聚乙稀薄片來進行的覆蓋栽培法。

本葉　子葉之後長出來的葉片，擁有固有的葉形。

叉根　由於肥料或害蟲等的蟲害，變成二叉的根菜。

間隔土　定植時，為了不使苗直接觸到肥料，而放在肥料上的土。

拔除　為了不使植物太擁擠，在生長的各個階段，使苗有適當間隔而做的拔除工作。

覆蓋栽培法　在莖部舖上麥桿或塑膠薄片。是為防止病蟲害，或是為了保溫　參照一六〇頁。

元肥　在播種或定植之前所施的肥料　參照一五二頁。

匍匐枝　從主株長出來的匍匐枝。其前端長有子株。

輪作　為了防止連作障害，計畫性也種植不同性質的作物。

連作　在同一塊田地中，每年連續種植同樣或性質相同的作物。

矮性　株長較短的植物。

分枝　主枝以外的枝。摘芯的話就會長出。

適合作為田地的土質

■最適合作為田地的土質為黑土

一般像市民農園等借來的田地，在以前也多是用來種植，因此較沒有土質不適合種植之類的問題。問題是出在例如自家的庭院，第一次拿來種植，大部份的情況，首先一是要先除去小石子、玻璃、釘子等。

土質本身就分為粘土質、紅土、黑土、砂土等。紅土的火山灰層粘土化後成的赤褐色土，如果充足施肥的話，就可成為很好的農田。黑土較鬆，且有充分的腐植質，最適合作為田地。但是其肥料成分容易流失，尤其是容易缺乏磷酸或鉀分，請多注意。砂土也是能輕鬆地做為田地使用的土壤，但也有肥料容易流失的缺點。

■蔬菜在酸性的土地中較難生長

除了成分之外，在作物的生長上，土的酸性度也很重要。

蔬菜幾乎都不喜歡酸性土。一般都是採用苦土石灰或消石灰來中和的方法，在歐洲有一句諺語說「石灰富了父親，窮了兒子」，正如其述，石灰實在不適合長期使用。最好只是在應急的情況使用，還是要從堆肥做起，以有機質來慢慢地改良土質為目標。

土的酸性度可用測量器或試藥簡單地試出來。

酸性土中易長出的雜草

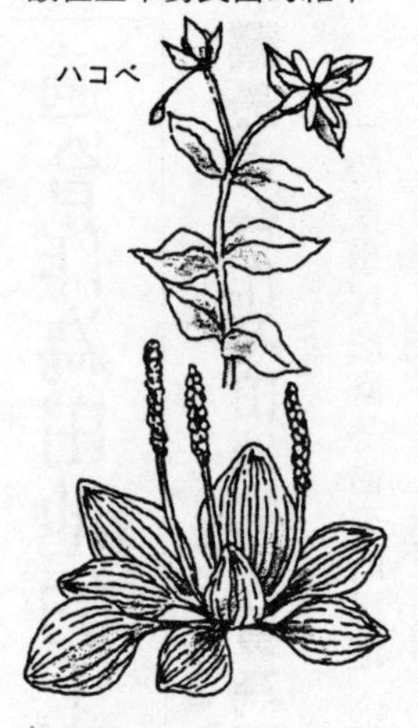

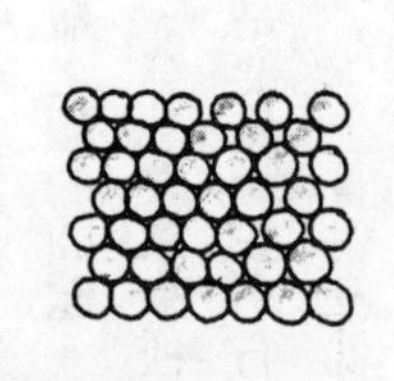

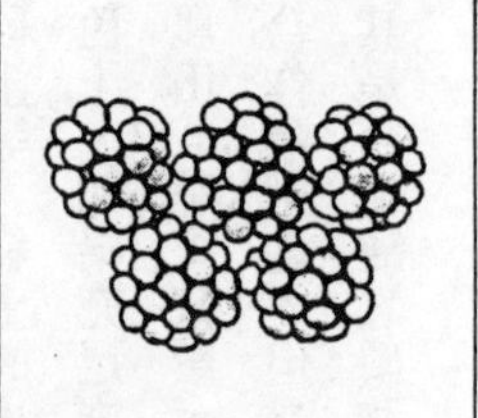

單粒構造土　　團粒構造土

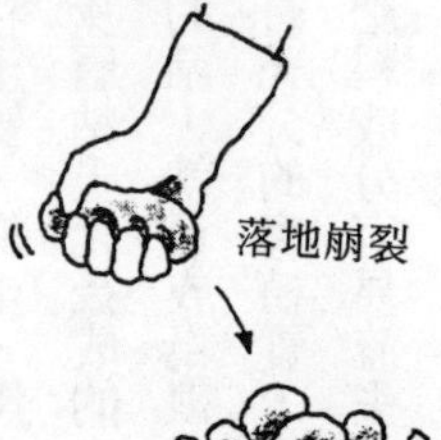

●團粒構造之土較好
好的土，握在手中就會變成手的形狀，丟到地上就崩裂。

酸性土的中和

酸性度		1㎡的石灰量
強酸性	pH 4	200～250g
酸性	pH 5	120g
弱酸性	pH 6	60g

蔬菜與酸性土的關係

怕酸性土的蔬菜（pH6.5～7.0）

豌豆、菠菜。

稍怕酸性土的蔬菜（pH6.0～6.5）

秋葵、四季豆、毛豆、小黃瓜、生菜、芹菜、蠶豆、洋蔥、青江菜、番茄、茄子、蔥、白菜、青椒、哈蜜瓜、萵苣。

對酸性土稍有抵抗力的蔬菜（pH6.0～6.5）

蕪菁、南瓜、花椰菜、高麗菜、牛蒡、變種油菜、茼蒿菜、西瓜、白蘿蔔、玉米、藤荔枝、韮菜、紅蘿蔔、硬花球花菜、鴨兒芹、蘘荷、小紅蘿蔔。

不怕酸性土的蔬菜（pH5.5～6.0）

芋頭、馬鈴薯、土瓜、生薑、野薤。

ＰＨ測定組

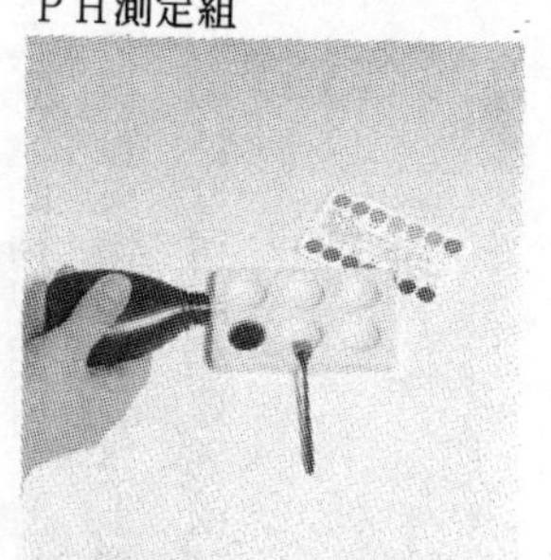

●測試土的酸性之試藥組將要測定之土放入皿中，注入試藥，液之色即改變。請見附之色表，判斷其pH值。

肥料的性質與施法

■為何需要肥料呢

為了要使蔬菜順利的生長、氮肥、磷酸、鉀之外，銅、鐵、鎂、鈣等，都是必要的養分。在土中含有這些肥料成分。但是，蔬菜會將其消耗，不久後就會不足，因此需要將它們補足。這些就稱為肥料。

在這些養分中，氮素、磷酸、鉀等的需要量特別多，因而被稱為「肥料的三要素」，而受到重視。

●肥料的功能

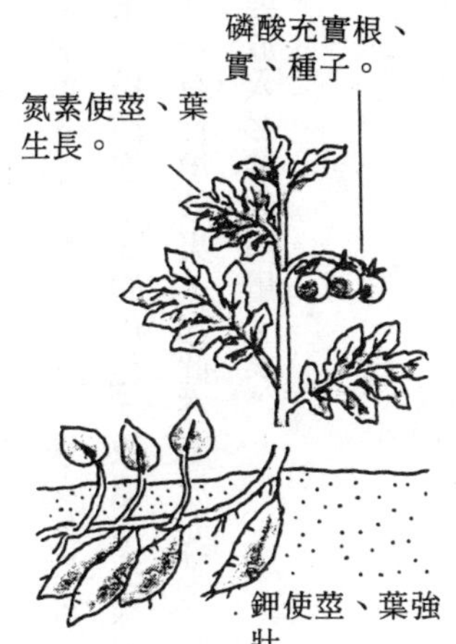

■氮肥、磷酸、鉀——三要素的角色

氮素肥料以前被稱為「葉肥」，是蔬菜的莖、葉生長上不可或缺的肥料。因此對於食用葉子的葉菜類是特別重要。由於很容易溶於水中或被雨沖掉，因此如果是較長時間的栽培蔬菜，就必須進行追肥。但是如果施得太多，會長得較軟弱，病蟲害也較多。另外，如果是果菜類或根菜類的話，只有葉子長得很大，其果實或是根反而長得不好，得到反效果。

磷酸又稱「實肥」，在蔬菜的開花或結實上，扮演很重要的角色。像氮素那樣追肥，並沒有什麼效果，因此在施放元肥之時，就要放入必要的份量。

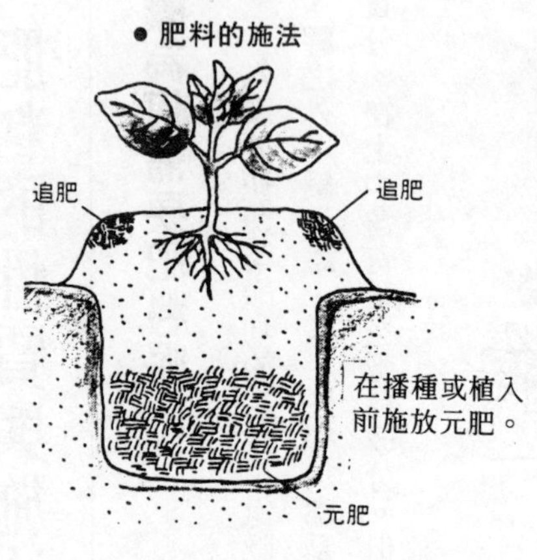

磷酸又稱「根肥」，促進根的生長，與具有同化作用之炭水化合物的貯藏，有很深的關係，特別是對於使用地下莖或根的蔬菜，非常重要。另外，也是提高耐病性、耐寒性的必需養分。

■肥料的種類

給與蔬菜的肥料，根據其目的不同，分為許多種類，可大致分為有機肥料與無機肥料。

有機肥料是以動植物等自產生出的東西為原料，其一定重量中的肥料成分很少，一般含有氮素、磷素、鉀分。

無機質肥料是化學方法作成的。例如，硫安就是氮素肥料，可分為氮素、磷酸、鉀等成分各含一種，或含二種以上的化成肥料

●元肥的施法

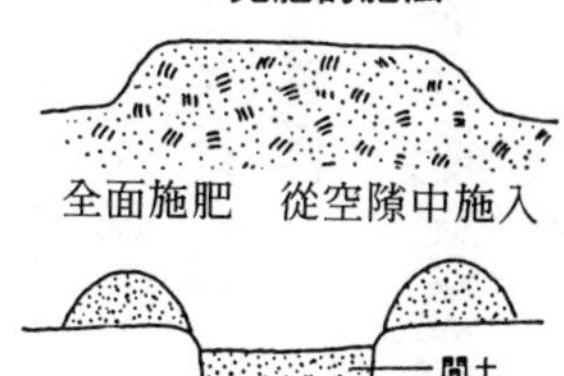

全面施肥　從空隙中施入

掘一道溝，放入肥料

主要的肥料與其成分

		肥料名	成份（%）			效果		使用方法	
			氮素	磷酸	鉀	速效	遲效	元肥	追肥
有機質肥料		堆肥	0.6	0.3	0.5		○	○	
		油粕	5	2	1.3		○	○	○
		雞糞	4	2.3	1		○	○	○
		牛糞	0.5	0.4	0.2		○	○	
		魚粕	8	6			○	○	○
		骨粉	4	23	0.2		○	○	○
		米糠	2	3.8	1.4		○	○	○
無機質肥料	單一肥料（化學肥料）	硫安	20.5			○		○	○
		石灰素	13.5				○	○	
		尿素	46			○			○
		酸石灰		16		○		○	○
		成肥料	20				○	○	
		硫酸肥料			48	○		○	○
		鹽化肥料			55	○		○	○
		草木灰		3	8	○		○	○
	化成肥料	エードボール	12	12	12	○	○	○	
		ハイポネックス	5	10	5	○			○
		マグアンプK	6	40	6	○	○	○	

。化成肥料有固體狀與液體狀二種，對於陽台或花盆的栽培非常方便。

■以使用有機質肥料為目標

如前所述，蔬菜除三要素之外，還需要許多的微量要素，有機肥料中各種要素都含有，另外又有改良土質的功效。完全沒含有害物質，施太多也不會有障害，是唯一可以安心使用肥料，所以在家庭菜園中，請使用有機肥料。

■元肥與追肥的施法

元肥是指在播種或植入之前施與的肥料。另外，追肥則是當元肥的效果沒有了時，根據蔬菜的生長情況，而給予較快速的肥料。

元肥的施法有二，一是和田地中全體的土混合，二是在播種或植苗之處挖掘溝或穴，施予其中的方法。一般來說，像小黃瓜、菠菜這種根較淺較廣的蔬菜，是適合全面施肥的。

追肥最初施於根部近處，隨著其生長，漸漸地施於離根部稍遠之處，另外，追肥時也要一起進行中耕或集中土壤。

■製造堆肥的方法

在有機農業中，經常使用「完熟堆肥」的字眼，雖說堆肥是有機質肥料之王，但是要製作完熟（完全發酵完成）堆肥，需要相當的時間及勞力。由於又重、又臭、又髒，終於被無機質肥料所取代。如果太勉強就會嫌麻煩，因此請在時間許可範圍內，在製造堆肥上盡一點心力。家庭菜園的製造堆肥用容器，在市面上有販賣，請多利用。另外，如果覺得太花時間的話，就只要將材料堆積著，讓土中的微生物和蚯蚓來幫我們作業即可。它們是製造堆肥的專家哦！但是，仍然請不吝於稍微出一點助力。

製造堆肥的作業順序如下。

集中枯草、落葉、麥桿、菜屑等生垃圾，積於木箱之中，用腳踩踏。接下來混入市販的乾燥雞糞、油粕、米糠，其上放入一～二cm的土。以此順序放入幾層，最後蓋上雨水無法通過的厚薄片，再壓上石塊等重物。

普通是將它放置二週後，將積的材料攪拌一下，進行四～五回翻土的工作。這樣一來，如果是夏季，差不多二個月，堆肥就形成了。但是，如同前述，翻土是非常累的工作，如果有時間的話，不如將它放置數回，待其自然形成堆肥。

堆肥容器

播種與植苗

■畝的製成

將土耕耘過後，把表面弄平，就可做一個施了元肥的畝。雖然也有將地表整平後，就直接播種的情況，普通則是在要製作畝的地方，將其兩旁的土向中間集中，做一個稍高起的床畝。平畝與高畝的區別就是根據其高度。高畝對於排水、提高地溫、土中空氣流通都很有效果。

●畝的製作法

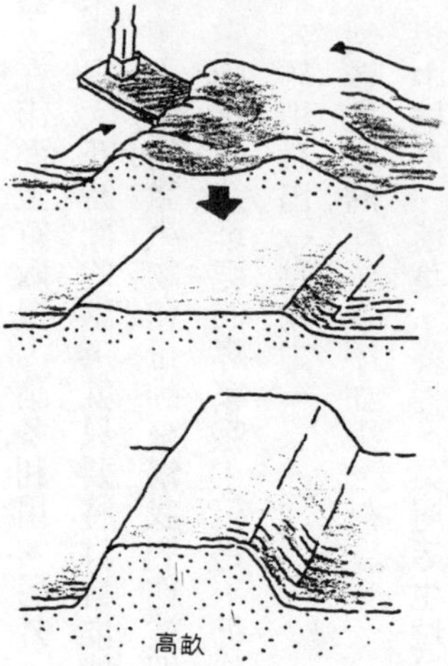

高畝

■播種的方法

從以前開始，就有所謂「苗半作」的諺語，意思就是種了好苗的話，就是得到好收成的最短距離。發芽時需要大量的水分與氧氣。要經常將此事放在腦中。

種子的皮較硬者，要浸一日夜的水，較容易發芽。而像萵苣、菠菜的種子，在高溫期很難發芽，就需要在浸數小時水之後，放入冰箱，使其長出芽後，再播種。

播種的方式有直播與箱播，或是盆播。箱播、盆播是要將苗培育到一定程度大小之後，再定植於田地中。

直播多用於栽培期間較短的葉菜類、豆類、玉米等。根據種子的種類，可分為點播、散播、直線播等方式。

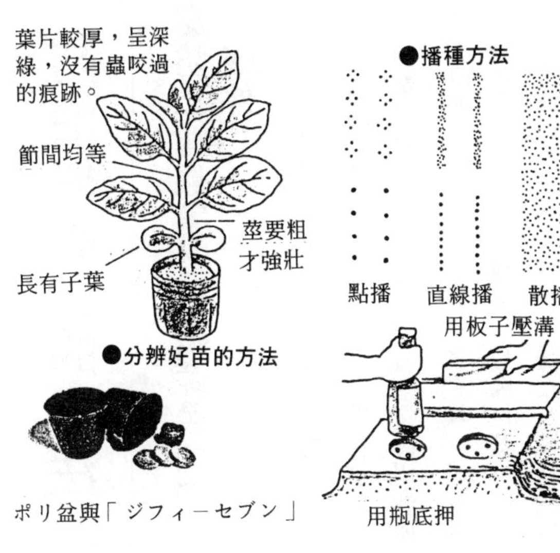

ポリ盆與「ジフィーセブン」

播子種播下後，要蓋上土壤，這就叫做覆土。一般是要覆上比種子的厚度厚上數倍的土壤，但像是在發芽時需要陽光的燕菁、高麗菜、鴨兒芹、茼蒿菜、紅蘿蔔、紫蘇等的情況，就可以不蓋土，或是只撒上夠蓋住種子的土壤即可。

蓋上土壤後，為了要使種子與土壤密切接合而壓它，稱為鎮壓。根據種子的不同，而分別採取手掌壓、板壓或足踏等方式。

■拔　除

發芽後，子葉一長出來，就要進行第一次的拔除工作。將生長得不好、長得太長、形狀不好、生病的苗拔除。第二次以後的拔除工作，請參照各蔬菜之方法。

防治病蟲害的方法

■防止病蟲害，保護蔬菜的四條件

種植蔬菜時，最難的就是如何對付病蟲害。如果除去這項，種植蔬菜就變得很簡單。病蟲害的預防與防治，一般都是使用農藥。在市面上有販賣許多種類的農藥，但是辛苦種出來的蔬菜，卻變成了農藥泡菜。

不會汚染土壤、且對人體沒有影響的無農藥栽培，才是家庭菜園中應該採取的。在預防與防治上盡最大的努力，如果仍然不行，就期待明年吧！

在蔬菜上有如左表所示的各種病蟲害。如果只說「無計可施」，也並不有趣，所以請注意以下的事項。

○**在適期種植**……各種蔬菜都有其發芽適溫與生育適溫。如果不管這個的話，就很容易生病。

○**不要連作**……同樣的蔬菜或同科的蔬菜一直連作的話，不但不能種得強壯，也容易被感染病蟲害。

○**提高地力**……不依賴化學肥料，從堆肥起，多使用有機質肥料，在肥沃的田中種植出來的蔬菜，對病蟲害較有抵抗力。

○**不要施過多的肥料**……肥料並不是越多越好。肥料過多的話，會傷害根。菜株也變得不健康。另一方面，選擇強壯的品種，使日照、通風、排水良好，是養育對病蟲害有抵抗力的蔬菜的重點。

發生在蔬菜的主要疾病和蟲害

病蟲害	受害的蔬菜	症　狀	對　策
濾過性病毒症	大部分的蔬菜	番茄的葉子呈柳葉狀，停止生育。	驅除蚜蟲（油蟲）並儘早燒卻病苗（株）。
雷　病	豆科、瓜科等的蔬菜類	莖和葉有如撒上白色的霉粉般。	田莖加高以阻風，並經常排水。
疫病（傳染病）	番茄、小黃瓜等果菜類	發生於悶熱時期，莖、葉腐壞、枯死。	不連作，保持通風狀態。
錢　病	葱類	莖和葉生成白色斑點，銹色的粉生成。	不可中斷撒肥料。
炭疽病	小黃瓜、西瓜等的瓜科類	葉呈黃色斑點、果實出現黑色凹處。	避免連作病苗（株）則給予燒卻。
（mildew）黴病	葱類、瓜科、茄科的蔬菜類	葉呈褐色或灰白色斑點，葉的裡面有黑色霉菌。	做好排水溝通。
灰色霉病	多數的蔬菜	葉和莖生成灰色的霉菌。	苗的根部上面舖設稻草。
軟腐病	包心菜、萵苣等的葉菜類	葉和葉柄從根部開始腐壞。	避免連作，驅除有害的莖和葉。
蚜蟲類（油蟲）	大部分的蔬菜	寄生於葉和莖，吸食汁液，大多發生於春、秋季節。	加蓋寒冷紗，初期時以手播壓擠。
瓜蠅蟲（瓜螢）	瓜科類的蔬菜	幼蟲食根，滲入果實部分內。	蓋入塑膠衣
金龜子蟲類	瓜科、茄科等多數的蔬菜	幼蟲於夜間出現食用苗（株）根部。	於白天掘取被害苗(株)的根部處加以捕殺
蚤蟻蟲類	油菜科的蔬菜類	成蟲食菜，幼蟲侵害白蘿蔔的根部。	捕殺成蟲
菜蛾蟲類	油菜科的蔬菜類	棲於菜中，食用葉肉	捕殺
牧草蟲類	葱類、豆類	葉部生成白斑，全體漸漸變色	不要保持乾燥狀態。
線蟲類	根菜類、瓜科類的蔬菜	使根變弱，而漸變壞	種植玉米、金盞草
瓢蟲類	番茄、茄子、蕃薯等類	幼蟲、成蟲同樣食葉成網狀般。	捕殺
葉蟲類	茄科、瓜科類等多數蔬菜	產生於葉部中，呈白色粉狀有如蛛蜘巢狀般。	不要保持乾燥狀態
夜盜蛾地蠶蛾蟲類	大部分的蔬菜	幼蟲侵食葉，成蟲於夜間侵食莖部等。	挖掘被害苗（株）的根部予以捕殺。

以溫室栽培與寒冷紗的使用方法

■不知寒冷的溫室栽培

溫室栽培是用乙稀樹脂薄片蓋住，在其中栽培蔬菜。寒冷的期間在其中栽培蔬菜，天氣變暖了之後就拿掉，改為普通的栽培法。在茄子、小黃瓜、番茄、四季豆、春播的高麗菜、春播的白蘿蔔等之栽培上被使用，以提高收成爲目的，相反的，將萵苣等晚播，使收成時期錯開。

但並不是使其溫暖就可以了，在管理上也有許多困難面。一、在晴天的中午，就算是冬季也能將溫度提高到二十℃左右，相反的，到了夜晚卻和外面沒差別。這樣大的溫差，對蔬菜的生長並不好，因此要經常將乙稀樹脂的裙縫開閉，使空氣進入替換。另外，溫室太小，日夜溫差特別大，因此必需要有一定程度以上的大小。為了使換氣容易，可在乙稀樹脂上開一個直徑五~十㎝的洞。

● 保溫罩

骨幹用竹作

下部用土壓緊

■西瓜與南瓜要使用保溫罩

西瓜與南瓜等，如果溫度太低就很難發芽，就算發了芽，也容易生病蟲害。此時，

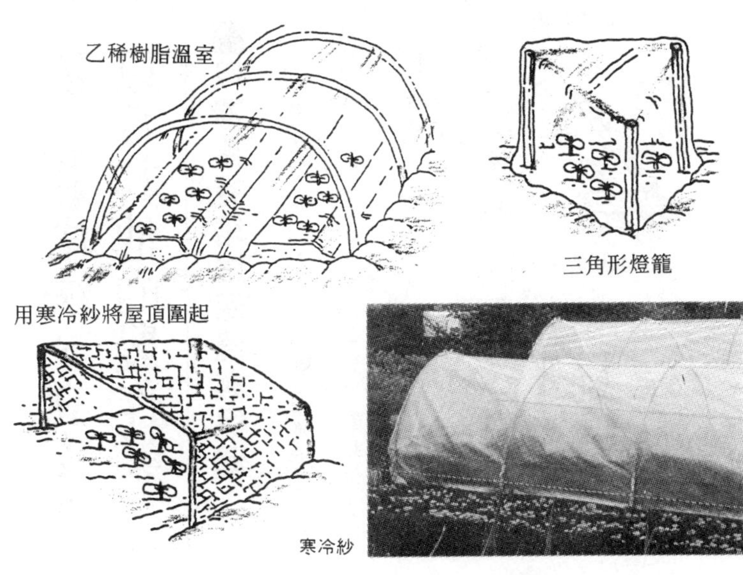

只要在種子或苗上蓋上乙稀樹脂，即保溫罩。為了換氣方便，也要在其上部開小孔，隨著苗的生長，可把洞弄大一點。當苗長滿保溫罩中時，就可將它拿掉。

■發揮威力的寒冷紗

寒冷紗是洞很大、很硬、很薄的布。和乙稀樹脂一樣用於溫室、屋頂。根據其使用方法不同，而有各種的效果。

首先，防止蚜蟲等飛來，這樣就可以預防蚜蟲帶來的濾過性病毒。不會受到太強的風雨侵襲，較難傷到蔬菜，也能防止病菌的侵入。另外，夏季時可用來防日晒，秋天時可用來防霜害，也可以防止鳥害。顏色有白色與黑色，一般是使用白色，以播種後、幼苗期、病蟲害的發生期為中心，使用之。

覆蓋栽培法、立支柱以及其他的農作業

■以覆蓋栽培法保溫與保濕

在根部及畝上，用乙稀樹脂或聚乙稀的薄片等，密舖於土上，稱為覆蓋栽培法。並不僅只是塑膠薄片、麥桿、落葉、泥炭腐植質等亦可使用。

當地溫很低，如果直接種的話，根不會伸得太長，此時，薄片覆蓋就有很大的效果了。地溫可因薄片覆蓋而升高五～十℃，因此對性喜高溫的蔬菜，如茄子、青椒等，非常有效果。

另外，外在保持土的溫度，防止肥料被雨沖失、防止雜草繁茂等都極有效果。另一方面，以舖麥桿來做的覆蓋栽培法，可保持濕度，防止雨水帶來的汚泥，皆很有效果，但不能提高地溫。

覆蓋栽培法

在穴底切若干十字形

合掌式

立支柱法

■立支柱的方法

像番茄這種草丈很長，果實又重的植物，以及小黃瓜、四季豆等有藤的植物，就必須要幫它們架立支柱。支柱的架法有直立式與合掌式，合掌式是在上部交叉、用繩子綁起來，這樣比較不怕強風，但如果長得太茂密時，卻有通風不良的缺點。

■中耕與集中土壤

中耕是指在播種及植苗之後，因雨水而變硬的根土，或是因作業而踏實的畝間，將其輕輕地耕鬆。中耕可使水與空氣較流通，促進根的生長。一般中耕時，要將追肥施混於土中，並進行除雜草與集中土壤的作業。

集中土壤是將畝上或通路上的土集中至根部的作業。以預防根部露出或菜株倒下為目的。另外，像鴨兒芹、葱等，為了要使莖軟化，也要進行土壤集中。

■灌水的方法

一般的田地，在播種或植苗的時期以外，如果有適當地降雨的話，是不太需要灌水的。但是當太過乾燥，不得不灌水時，請用鐵水桶等汲水，充足地灌於畝間。

■栽培蔬菜時需要的農具

在正式的蔬菜栽培上，為了圖作業的效率化，需要各種的農具。但是在耕作面積狹窄的家庭菜園，暫時先準備鐵鍬、移植鏟及噴壺，就可從播種進行到收成了。其他的農具，可以用日常使用的道具代替，或是根據需要度，慢慢的買齊。

鐵鍬如果有的話，就很方便。作畝、中耕、集中土壤等，都非常有用，更可嗅到農耕的氣息。其他，較常使用的農具及農業資材則為園藝用剪刀、除草用小型鐮刀，整地及收集落葉時用的耙子，除草用的鋤頭，製作堆肥用的叉子、小型的耙子、篩子等。

材料方面有溫室用的寒冷紗、乙稀樹脂薄片及玻璃纖維桿、支柱用的桿等等。

大展出版社有限公司
品冠文化出版社

地址：台北市北投區(石牌)
致遠一路二段12巷1號
郵撥：0166955～1

電話：(02)28236031
28236033
傳真：(02)28272069

圖書目錄

・法律專欄連載・電腦編號58

台大法學院　法律學系／策劃
法律服務社／編著

1.	別讓您的權利睡著了 1	200元
2.	別讓您的權利睡著了 2	200元

・武術特輯・電腦編號10

	書名	作者	價格
1.	陳式太極拳入門	馮志強編著	180元
2.	武式太極拳	郝少如編著	150元
3.	練功十八法入門	蕭京凌編著	120元
4.	教門長拳	蕭京凌編著	150元
5.	跆拳道	蕭京凌編譯	180元
6.	正傳合氣道	程曉鈴譯	200元
7.	圖解雙節棍	陳銘遠著	150元
8.	格鬥空手道	鄭旭旭編著	200元
9.	實用跆拳道	陳國榮編著	200元
10.	武術初學指南	李文英、解守德編著	250元
11.	泰國拳	陳國榮著	180元
12.	中國式摔跤	黃　斌編著	180元
13.	太極劍入門	李德印編著	180元
14.	太極拳運動	運動司編	250元
15.	太極拳譜	清・王宗岳等著	280元
16.	散手初學	冷　峰編著	200元
17.	南拳	朱瑞琪編著	180元
18.	吳式太極劍	王培生著	200元
19.	太極拳健身和技擊	王培生著	250元
20.	秘傳武當八卦掌	狄兆龍著	250元
21.	太極拳論譚	沈　壽著	250元
22.	陳式太極拳技擊法	馬　虹著	250元
23.	二十四式/三十二式 太極拳/劍	闞桂香著	180元
24.	楊式秘傳129式太極長拳	張楚全著	280元
25.	楊式太極拳架詳解	林炳堯著	280元

26. 華佗五禽劍 劉時榮著 180 元
27. 太極拳基礎講座:基本功與簡化 24 式 李德印著 250 元
28. 武式太極拳精華 薛乃印著 200 元
29. 陳式太極拳拳理闡微 馬 虹著 350 元
30. 陳式太極拳體用全書 馬 虹著 400 元
31. 張三豐太極拳 陳占奎著 200 元
32. 中國太極推手 張 山主編 300 元
33. 48 式太極拳入門 門惠豐編著 220 元

・原地太極拳系列・電腦編號 11

1. 原地綜合太極拳 24 式 胡啓賢創編 220 元
2. 原地活步太極拳 42 式 胡啓賢創編 200 元
3. 原地簡化太極拳 24 式 胡啓賢創編 200 元
4. 原地太極拳 12 式 胡啓賢創編 200 元

・道學文化・電腦編號 12

1. 道在養生:道教長壽術 郝 勤等著 250 元
2. 龍虎丹道:道教內丹術 郝 勤著 300 元
3. 天上人間:道教神仙譜系 黃德海著 250 元
4. 步罡踏斗:道教祭禮儀典 張澤洪著 250 元
5. 道醫窺秘:道教醫學康復術 王慶餘等著 250 元
6. 勸善成仙:道教生命倫理 李 剛著 250 元
7. 洞天福地:道教宮觀勝境 沙銘壽著 250 元
8. 青詞碧簫:道教文學藝術 楊光文等著 250 元
9. 沈博絕麗:道教格言精粹 朱耕發等著 250 元

・秘傳占卜系列・電腦編號 14

1. 手相術 淺野八郎著 180 元
2. 人相術 淺野八郎著 180 元
3. 西洋占星術 淺野八郎著 180 元
4. 中國神奇占卜 淺野八郎著 150 元
5. 夢判斷 淺野八郎著 150 元
6. 前世、來世占卜 淺野八郎著 150 元
7. 法國式血型學 淺野八郎著 150 元
8. 靈感、符咒學 淺野八郎著 150 元
9. 紙牌占卜學 淺野八郎著 150 元
10. ESP 超能力占卜 淺野八郎著 150 元
11. 猶太數的秘術 淺野八郎著 150 元
12. 新心理測驗 淺野八郎著 160 元
13. 塔羅牌預言秘法 淺野八郎著 200 元

・趣味心理講座・電腦編號 15

1. 性格測驗　探索男與女　淺野八郎著　140 元
2. 性格測驗　透視人心奧秘　淺野八郎著　140 元
3. 性格測驗　發現陌生的自己　淺野八郎著　140 元
4. 性格測驗　發現你的真面目　淺野八郎著　140 元
5. 性格測驗　讓你們吃驚　淺野八郎著　140 元
6. 性格測驗　洞穿心理盲點　淺野八郎著　140 元
7. 性格測驗　探索對方心理　淺野八郎著　140 元
8. 性格測驗　由吃認識自己　淺野八郎著　160 元
9. 性格測驗　戀愛知多少　淺野八郎著　160 元
10. 性格測驗　由裝扮瞭解人心　淺野八郎著　160 元
11. 性格測驗　敲開內心玄機　淺野八郎著　140 元
12. 性格測驗　透視你的未來　淺野八郎著　160 元
13. 血型與你的一生　淺野八郎著　160 元
14. 趣味推理遊戲　淺野八郎著　160 元
15. 行爲語言解析　淺野八郎著　160 元

・婦 幼 天 地・電腦編號 16

1. 八萬人減肥成果　黃靜香譯　180 元
2. 三分鐘減肥體操　楊鴻儒譯　150 元
3. 窈窕淑女美髮秘訣　柯素娥譯　130 元
4. 使妳更迷人　成　玉譯　130 元
5. 女性的更年期　官舒妍編譯　160 元
6. 胎內育兒法　李玉瓊編譯　150 元
7. 早產兒袋鼠式護理　唐岱蘭譯　200 元
8. 初次懷孕與生產　婦幼天地編譯組　180 元
9. 初次育兒 12 個月　婦幼天地編譯組　180 元
10. 斷乳食與幼兒食　婦幼天地編譯組　180 元
11. 培養幼兒能力與性向　婦幼天地編譯組　180 元
12. 培養幼兒創造力的玩具與遊戲　婦幼天地編譯組　180 元
13. 幼兒的症狀與疾病　婦幼天地編譯組　180 元
14. 腿部苗條健美法　婦幼天地編譯組　180 元
15. 女性腰痛別忽視　婦幼天地編譯組　150 元
16. 舒展身心體操術　李玉瓊編譯　130 元
17. 三分鐘臉部體操　趙薇妮著　160 元
18. 生動的笑容表情術　趙薇妮著　160 元
19. 心曠神怡減肥法　川津祐介著　130 元
20. 內衣使妳更美麗　陳玄茹譯　130 元
21. 瑜伽美姿美容　黃靜香編著　180 元
22. 高雅女性裝扮學　陳珮玲譯　180 元
23. 蠶糞肌膚美顏法　梨秀子著　160 元

24. 認識妳的身體　李玉瓊譯　160 元
25. 產後恢復苗條體態　居理安・芙萊喬著　200 元
26. 正確護髮美容法　山崎伊久江著　180 元
27. 安琪拉美姿養生學　安琪拉蘭斯博瑞著　180 元
28. 女體性醫學剖析　增田豐著　220 元
29. 懷孕與生產剖析　岡部綾子著　180 元
30. 斷奶後的健康育兒　東城百合子著　220 元
31. 引出孩子幹勁的責罵藝術　多湖輝著　170 元
32. 培養孩子獨立的藝術　多湖輝著　170 元
33. 子宮肌瘤與卵巢囊腫　陳秀琳編著　180 元
34. 下半身減肥法　納他夏・史達賓著　180 元
35. 女性自然美容法　吳雅菁編著　180 元
36. 再也不發胖　池園悅太郎著　170 元
37. 生男生女控制術　中垣勝裕著　220 元
38. 使妳的肌膚更亮麗　楊　皓編著　170 元
39. 臉部輪廓變美　芝崎義夫著　180 元
40. 斑點、皺紋自己治療　高須克彌著　180 元
41. 面皰自己治療　伊藤雄康著　180 元
42. 隨心所欲瘦身冥想法　原久子著　180 元
43. 胎兒革命　鈴木丈織著　180 元
44. NS 磁氣平衡法塑造窈窕奇蹟　古屋和江著　180 元
45. 享瘦從腳開始　山田陽子著　180 元
46. 小改變瘦 4 公斤　宮本裕子著　180 元
47. 軟管減肥瘦身　高橋輝男著　180 元
48. 海藻精神秘美容法　劉名揚編著　180 元
49. 肌膚保養與脫毛　鈴木真理著　180 元
50. 10 天減肥 3 公斤　彤雲編輯組　180 元
51. 穿出自己的品味　西村玲子著　280 元
52. 小孩髮型設計　李芳黛譯　250 元

・青春天地・電腦編號 17

1. A 血型與星座　柯素娥編譯　160 元
2. B 血型與星座　柯素娥編譯　160 元
3. O 血型與星座　柯素娥編譯　160 元
4. AB 血型與星座　柯素娥編譯　120 元
5. 青春期性教室　呂貴嵐編譯　130 元
7. 難解數學破題　宋釗宜編譯　130 元
9. 小論文寫作秘訣　林顯茂編譯　120 元
11.中學生野外遊戲　熊谷康編著　120 元
12.恐怖極短篇　柯素娥編譯　130 元
13.恐怖夜話　小毛驢編譯　130 元
14.恐怖幽默短篇　小毛驢編譯　120 元
15.黑色幽默短篇　小毛驢編譯　120 元

16.靈異怪談　小毛驢編譯　130元
17.錯覺遊戲　小毛驢編著　130元
18.整人遊戲　小毛驢編著　150元
19.有趣的超常識　柯素娥編譯　130元
20.哦！原來如此　林慶旺編譯　130元
21.趣味競賽100種　劉名揚編譯　120元
22.數學謎題入門　宋釗宜編譯　150元
23.數學謎題解析　宋釗宜編譯　150元
24.透視男女心理　林慶旺編譯　120元
25.少女情懷的自白　李桂蘭編譯　120元
26.由兄弟姊妹看命運　李玉瓊編譯　130元
27.趣味的科學魔術　林慶旺編譯　150元
28.趣味的心理實驗室　李燕玲編譯　150元
29.愛與性心理測驗　小毛驢編譯　130元
30.刑案推理解謎　小毛驢編譯　180元
31.偵探常識推理　小毛驢編譯　180元
32.偵探常識解謎　小毛驢編譯　130元
33.偵探推理遊戲　小毛驢編譯　180元
34.趣味的超魔術　廖玉山編著　150元
35.趣味的珍奇發明　柯素娥編著　150元
36.登山用具與技巧　陳瑞菊編著　150元
37.性的漫談　蘇燕謀編著　180元
38.無的漫談　蘇燕謀編著　180元
39.黑色漫談　蘇燕謀編著　180元
40.白色漫談　蘇燕謀編著　180元

・健康天地・電腦編號18

1. 壓力的預防與治療　柯素娥編譯　130元
2. 超科學氣的魔力　柯素娥編譯　130元
3. 尿療法治病的神奇　中尾良一著　130元
4. 鐵證如山的尿療法奇蹟　廖玉山譯　120元
5. 一日斷食健康法　葉慈容編譯　150元
6. 胃部強健法　陳炳崑譯　120元
7. 癌症早期檢查法　廖松濤譯　160元
8. 老人痴呆症防止法　柯素娥編譯　130元
9. 松葉汁健康飲料　陳麗芬編譯　130元
10. 揉肚臍健康法　永井秋夫著　150元
11. 過勞死、猝死的預防　卓秀貞編譯　130元
12. 高血壓治療與飲食　藤山順豐著　180元
13. 老人看護指南　柯素娥編譯　150元
14. 美容外科淺談　楊啓宏著　150元
15. 美容外科新境界　楊啓宏著　150元
16. 鹽是天然的醫生　西英司郎著　140元

17. 年輕十歲不是夢　梁瑞麟譯　200 元
18. 茶料理治百病　桑野和民著　180 元
19. 綠茶治病寶典　桑野和民著　150 元
20. 杜仲茶養顏減肥法　西田博著　170 元
21. 蜂膠驚人療效　瀨長良三郎著　180 元
22. 蜂膠治百病　瀨長良三郎著　180 元
23. 醫藥與生活　鄭炳全著　180 元
24. 鈣長生寶典　落合敏著　180 元
25. 大蒜長生寶典　木下繁太郎著　160 元
26. 居家自我健康檢查　石川恭三著　160 元
27. 永恆的健康人生　李秀鈴譯　200 元
28. 大豆卵磷脂長生寶典　劉雪卿譯　150 元
29. 芳香療法　梁艾琳譯　160 元
30. 醋長生寶典　柯素娥譯　180 元
31. 從星座透視健康　席拉・吉蒂斯著　180 元
32. 愉悅自在保健學　野本二士夫著　160 元
33. 裸睡健康法　丸山淳士等著　160 元
34. 糖尿病預防與治療　藤田順豐著　180 元
35. 維他命長生寶典　菅原明子著　180 元
36. 維他命 C 新效果　鐘文訓編　150 元
37. 手、腳病理按摩　堤芳朗著　160 元
38. AIDS 瞭解與預防　彼得塔歇爾著　180 元
39. 甲殼質殼聚糖健康法　沈永嘉譯　160 元
40. 神經痛預防與治療　木下真男著　160 元
41. 室內身體鍛鍊法　陳炳崑編著　160 元
42. 吃出健康藥膳　劉大器編著　180 元
43. 自我指壓術　蘇燕謀編著　160 元
44. 紅蘿蔔汁斷食療法　李玉瓊編著　150 元
45. 洗心術健康秘法　竺翠萍編譯　170 元
46. 枇杷葉健康療法　柯素娥編譯　180 元
47. 抗衰血癒　楊啓宏著　180 元
48. 與癌搏鬥記　逸見政孝著　180 元
49. 冬蟲夏草長生寶典　高橋義博著　170 元
50. 痔瘡・大腸疾病先端療法　宮島伸宜著　180 元
51. 膠布治癒頑固慢性病　加瀨建造著　180 元
52. 芝麻神奇健康法　小林貞作著　170 元
53. 香煙能防止癡呆？　高田明和著　180 元
54. 穀菜食治癌療法　佐藤成志著　180 元
55. 貼藥健康法　松原英多著　180 元
56. 克服癌症調和道呼吸法　帶津良一著　180 元
57. B 型肝炎預防與治療　野村喜重郎著　180 元
58. 青春永駐養生導引術　早島正雄著　180 元
59. 改變呼吸法創造健康　原久子著　180 元
60. 荷爾蒙平衡養生秘訣　出村博著　180 元

61. 水美肌健康法 井戶勝富著 170元
62. 認識食物掌握健康 廖梅珠編著 170元
63. 痛風劇痛消除法 鈴木吉彥著 180元
64. 酸莖菌驚人療效 上田明彥著 180元
65. 大豆卵磷脂治現代病 神津健一著 200元
66. 時辰療法—危險時刻凌晨4時 呂建強等著 180元
67. 自然治癒力提升法 帶津良一著 180元
68. 巧妙的氣保健法 藤平墨子著 180元
69. 治癒C型肝炎 熊田博光著 180元
70. 肝臟病預防與治療 劉名揚編著 180元
71. 腰痛平衡療法 荒井政信著 180元
72. 根治多汗症、狐臭 稻葉益巳著 220元
73. 40歲以後的骨質疏鬆症 沈永嘉譯 180元
74. 認識中藥 松下一成著 180元
75. 認識氣的科學 佐佐木茂美著 180元
76. 我戰勝了癌症 安田伸著 180元
77. 斑點是身心的危險信號 中野進著 180元
78. 艾波拉病毒大震撼 玉川重德著 180元
79. 重新還我黑髮 桑名隆一郎著 180元
80. 身體節律與健康 林博史著 180元
81. 生薑治萬病 石原結實著 180元
82. 靈芝治百病 陳瑞東著 180元
83. 木炭驚人的威力 大槻彰著 200元
84. 認識活性氧 井土貴司著 180元
85. 深海鮫治百病 廖玉山編著 180元
86. 神奇的蜂王乳 井上丹治著 180元
87. 卡拉OK健腦法 東潔著 180元
88. 卡拉OK健康法 福田伴男著 180元
89. 醫藥與生活 鄭炳全著 200元
90. 洋蔥治百病 宮尾興平著 180元
91. 年輕10歲快步健康法 石塚忠雄著 180元
92. 石榴的驚人神效 岡本順子著 180元
93. 飲料健康法 白鳥早奈英著 180元
94. 健康棒體操 劉名揚編譯 180元
95. 催眠健康法 蕭京凌編著 180元
96. 鬱金（美王）治百病 水野修一著 180元
97. 醫藥與生活 鄭炳全著 200元

・實用女性學講座・電腦編號19

1. 解讀女性內心世界 島田一男著 150元
2. 塑造成熟的女性 島田一男著 150元
3 女性整體裝扮學 黃靜香編著 180元
4. 女性應對禮儀 黃靜香編著 180元

5. 女性婚前必修　小野十傳著　200元
6. 徹底瞭解女人　田口二州著　180元
7. 拆穿女性謊言88招　島田一男著　200元
8. 解讀女人心　島田一男著　200元
9. 俘獲女性絕招　志賀貢著　200元
10. 愛情的壓力解套　中村理英子著　200元
11. 妳是人見人愛的女孩　廖松濤編著　200元

・校園系列・電腦編號20

1. 讀書集中術　多湖輝著　180元
2. 應考的訣竅　多湖輝著　150元
3. 輕鬆讀書贏得聯考　多湖輝著　150元
4. 讀書記憶秘訣　多湖輝著　180元
5. 視力恢復！超速讀術　江錦雲譯　180元
6. 讀書36計　黃柏松編著　180元
7. 驚人的速讀術　鐘文訓編著　170元
8. 學生課業輔導良方　多湖輝著　180元
9. 超速讀超記憶法　廖松濤編著　180元
10. 速算解題技巧　宋釗宜編著　200元
11. 看圖學英文　陳炳崑編著　200元
12. 讓孩子最喜歡數學　沈永嘉譯　180元
13. 催眠記憶術　林碧清譯　180元
14. 催眠速讀術　林碧清譯　180元
15. 數學式思考學習法　劉淑錦譯　200元
16. 考試憑要領　劉孝暉著　180元
17. 事半功倍讀書法　王毅希著　200元
18. 超金榜題名術　陳蒼杰譯　200元
19. 靈活記憶術　林耀慶編著　180元

・實用心理學講座・電腦編號21

1. 拆穿欺騙伎倆　多湖輝著　140元
2. 創造好構想　多湖輝著　140元
3. 面對面心理術　多湖輝著　160元
4. 偽裝心理術　多湖輝著　140元
5. 透視人性弱點　多湖輝著　140元
6. 自我表現術　多湖輝著　180元
7. 不可思議的人性心理　多湖輝著　180元
8. 催眠術入門　多湖輝著　150元
9. 責罵部屬的藝術　多湖輝著　150元
10. 精神力　多湖輝著　150元
11. 厚黑說服術　多湖輝著　150元

12. 集中力	多湖輝著	150 元
13. 構想力	多湖輝著	150 元
14. 深層心理術	多湖輝著	160 元
15. 深層語言術	多湖輝著	160 元
16. 深層說服術	多湖輝著	180 元
17. 掌握潛在心理	多湖輝著	160 元
18. 洞悉心理陷阱	多湖輝著	180 元
19. 解讀金錢心理	多湖輝著	180 元
20. 拆穿語言圈套	多湖輝著	180 元
21. 語言的內心玄機	多湖輝著	180 元
22. 積極力	多湖輝著	180 元

・超現實心理講座・電腦編號 22

1. 超意識覺醒法	詹蔚芬編譯	130 元
2. 護摩秘法與人生	劉名揚編譯	130 元
3. 秘法！超級仙術入門	陸明譯	150 元
4. 給地球人的訊息	柯素娥編著	150 元
5. 密教的神通力	劉名揚編著	130 元
6. 神秘奇妙的世界	平川陽一著	200 元
7. 地球文明的超革命	吳秋嬌譯	200 元
8. 力量石的秘密	吳秋嬌譯	180 元
9. 超能力的靈異世界	馬小莉譯	200 元
10. 逃離地球毀滅的命運	吳秋嬌譯	200 元
11. 宇宙與地球終結之謎	南山宏著	200 元
12. 驚世奇功揭秘	傅起鳳著	200 元
13. 啓發身心潛力心象訓練法	栗田昌裕著	180 元
14. 仙道術遁甲法	高藤聰一郎著	220 元
15. 神通力的秘密	中岡俊哉著	180 元
16. 仙人成仙術	高藤聰一郎著	200 元
17. 仙道符咒氣功法	高藤聰一郎著	220 元
18. 仙道風水術尋龍法	高藤聰一郎著	200 元
19. 仙道奇蹟超幻像	高藤聰一郎著	200 元
20. 仙道鍊金術房中法	高藤聰一郎著	200 元
21. 奇蹟超醫療治癒難病	深野一幸著	220 元
22. 揭開月球的神秘力量	超科學研究會	180 元
23. 西藏密教奧義	高藤聰一郎著	250 元
24. 改變你的夢術入門	高藤聰一郎著	250 元
25. 21 世紀拯救地球超技術	深野一幸著	250 元

・養 生 保 健・電腦編號 23

1. 醫療養生氣功	黃孝寬著	250 元

2. 中國氣功圖譜　余功保著　250 元
3. 少林醫療氣功精粹　井玉蘭著　250 元
4. 龍形實用氣功　吳大才等著　220 元
5. 魚戲增視強身氣功　宮　嬰著　220 元
6. 嚴新氣功　前新培金著　250 元
7. 道家玄牝氣功　張　章著　200 元
8. 仙家秘傳袪病功　李遠國著　160 元
9. 少林十大健身功　秦慶豐著　180 元
10. 中國自控氣功　張明武著　250 元
11. 醫療防癌氣功　黃孝寬著　250 元
12. 醫療強身氣功　黃孝寬著　250 元
13. 醫療點穴氣功　黃孝寬著　250 元
14. 中國八卦如意功　趙維漢著　180 元
15. 正宗馬禮堂養氣功　馬禮堂著　420 元
16. 秘傳道家筋經內丹功　王慶餘著　280 元
17. 三元開慧功　辛桂林著　250 元
18. 防癌治癌新氣功　郭　林著　180 元
19. 禪定與佛家氣功修煉　劉天君著　200 元
20. 顛倒之術　梅自強著　360 元
21. 簡明氣功辭典　吳家駿編　360 元
22. 八卦三合功　張全亮著　230 元
23. 朱砂掌健身養生功　楊永著　250 元
24. 抗老功　陳九鶴著　230 元
25. 意氣按穴排濁自療法　黃啓運編著　250 元
26. 陳式太極拳養生功　陳正雷著　200 元
27. 健身祛病小功法　王培生著　200 元
28. 張式太極混元功　張春銘著　250 元
29. 中國璇密功　羅琴編著　250 元
30. 中國少林禪密功　齊飛龍著　200 元
31. 郭林新氣功　郭林新氣功研究所　400 元

・社會人智囊・電腦編號 24

1. 糾紛談判術　清水增三著　160 元
2. 創造關鍵術　淺野八郎著　150 元
3. 觀人術　淺野八郎著　200 元
4. 應急詭辯術　廖英迪編著　160 元
5. 天才家學習術　木原武一著　160 元
6. 貓型狗式鑑人術　淺野八郎著　180 元
7. 逆轉運掌握術　淺野八郎著　180 元
8. 人際圓融術　澀谷昌三著　160 元
9. 解讀人心術　淺野八郎著　180 元
10. 與上司水乳交融術　秋元隆司著　180 元
11. 男女心態定律　小田晉著　180 元

12. 幽默說話術	林振輝編著	200 元
13. 人能信賴幾分	淺野八郎著	180 元
14. 我一定能成功	李玉瓊譯	180 元
15. 獻給青年的嘉言	陳蒼杰譯	180 元
16. 知人、知面、知其心	林振輝編著	180 元
17. 塑造堅強的個性	坂上肇著	180 元
18. 爲自己而活	佐藤綾子著	180 元
19. 未來十年與愉快生活有約	船井幸雄著	180 元
20. 超級銷售話術	杜秀卿譯	180 元
21. 感性培育術	黃靜香編著	180 元
22. 公司新鮮人的禮儀規範	蔡媛惠譯	180 元
23. 傑出職員鍛鍊術	佐佐木正著	180 元
24. 面談獲勝戰略	李芳黛譯	180 元
25. 金玉良言撼人心	森純大著	180 元
26. 男女幽默趣典	劉華亭編著	180 元
27. 機智說話術	劉華亭編著	180 元
28. 心理諮商室	柯素娥譯	180 元
29. 如何在公司崢嶸頭角	佐佐木正著	180 元
30. 機智應對術	李玉瓊編著	200 元
31. 克服低潮良方	坂野雄二著	180 元
32. 智慧型說話技巧	沈永嘉編著	180 元
33. 記憶力、集中力增進術	廖松濤編著	180 元
34. 女職員培育術	林慶旺編著	180 元
35. 自我介紹與社交禮儀	柯素娥編著	180 元
36. 積極生活創幸福	田中真澄著	180 元
37. 妙點子超構想	多湖輝著	180 元
38. 說 NO 的技巧	廖玉山編著	180 元
39. 一流說服力	李玉瓊編著	180 元
40. 般若心經成功哲學	陳鴻蘭編著	180 元
41. 訪問推銷術	黃靜香編著	180 元
42. 男性成功秘訣	陳蒼杰編著	180 元
43. 笑容、人際智商	宮川澄子著	180 元
44. 多湖輝的構想工作室	多湖輝著	200 元
45. 名人名語啓示錄	喬家楓著	180 元
46. 口才必勝術	黃柏松編著	220 元
47. 能言善道的說話術	章智冠編著	180 元
48. 改變人心成爲贏家	多湖輝著	200 元
49. 說服的ＩＱ	沈永嘉譯	200 元
50. 提升腦力超速讀術	齊藤英治著	200 元
51. 操控對手百戰百勝	多湖輝著	200 元
52. 面試成功戰略	柯素娥編著	200 元
53. 摸透男人心	劉華亭編著	180 元
54. 撼動人心優勢口才	龔伯牧編著	180 元
55. 如何使對方說 yes	程　羲編著	200 元

56. 小道理・美好人生　林政峰編著　180元
57. 拿破崙智慧箴言　柯素娥編著　200元

・精選系列・電腦編號25

1. 毛澤東與鄧小平　渡邊利夫等著　280元
2. 中國大崩裂　江戶介雄著　180元
3. 台灣・亞洲奇蹟　上村幸治著　220元
4. 7-ELEVEN 高盈收策略　國友隆一著　180元
5. 台灣獨立（新・中國日本戰爭一）　森詠著　200元
6. 迷失中國的末路　江戶雄介著　220元
7. 2000年5月全世界毀滅　紫藤甲子男著　180元
8. 失去鄧小平的中國　小島朋之著　220元
9. 世界史爭議性異人傳　桐生操著　200元
10. 淨化心靈享人生　松濤弘道著　220元
11. 人生心情診斷　賴藤和寬著　220元
12. 中美大決戰　檜山良昭著　220元
13. 黃昏帝國美國　莊雯琳譯　220元
14. 兩岸衝突（新・中國日本戰爭二）　森詠著　220元
15. 封鎖台灣（新・中國日本戰爭三）　森詠著　220元
16. 中國分裂（新・中國日本戰爭四）　森詠著　220元
17. 由女變男的我　虎井正衛著　200元
18. 佛學的安心立命　松濤弘道著　220元
19. 世界喪禮大觀　松濤弘道著　280元
20. 中國內戰（新・中國日本戰爭五）　森詠著　220元
21. 台灣內亂（新・中國日本戰爭六）　森詠著　220元
22. 琉球戰爭①（新・中國日本戰爭七）　森詠著　220元
23. 琉球戰爭②（新・中國日本戰爭八）　森詠著　220元

・運動遊戲・電腦編號26

1. 雙人運動　李玉瓊譯　160元
2. 愉快的跳繩運動　廖玉山譯　180元
3. 運動會項目精選　王佑京譯　150元
4. 肋木運動　廖玉山譯　150元
5. 測力運動　王佑宗譯　150元
6. 游泳入門　唐桂萍編著　200元
7. 帆板衝浪　王勝利譯　300元

・休閒娛樂・電腦編號27

1. 海水魚飼養法　田中智浩著　300元
2. 金魚飼養法　曾雪玫譯　250元

3. 熱門海水魚 毛利匡明著 480 元
4. 愛犬的教養與訓練 池田好雄著 250 元
5. 狗教養與疾病 杉浦哲著 220 元
6. 小動物養育技巧 三上昇著 300 元
7. 水草選擇、培育、消遣 安齊裕司著 300 元
8. 四季釣魚法 釣朋會著 200 元
9. 簡易釣魚入門 張果馨譯 200 元
10. 防波堤釣入門 張果馨譯 220 元
11. 透析愛犬習性 沈永嘉譯 200 元
20. 園藝植物管理 船越亮二著 220 元
21. 實用家庭菜園ＤＩＹ 孔翔儀著 200 元
30. 汽車急救ＤＩＹ 陳瑞雄編著 200 元
31. 巴士旅行遊戲 陳羲編著 180 元
32. 測驗你的ＩＱ 蕭京凌編著 180 元
33. 益智數字遊戲 廖玉山編著 180 元
40. 撲克牌遊戲與贏牌秘訣 林振輝編著 180 元
41. 撲克牌魔術、算命、遊戲 林振輝編著 180 元
42. 撲克占卜入門 王家成編著 180 元
50. 兩性幽默 幽默選集編輯組 180 元
51. 異色幽默 幽默選集編輯組 180 元

・銀髮族智慧學・電腦編號 28

1. 銀髮六十樂逍遙 多湖輝著 170 元
2. 人生六十反年輕 多湖輝著 170 元
3. 六十歲的決斷 多湖輝著 170 元
4. 銀髮族健身指南 孫瑞台編著 250 元
5. 退休後的夫妻健康生活 施聖茹譯 200 元

・飲 食 保 健・電腦編號 29

1. 自己製作健康茶 大海淳著 220 元
2. 好吃、具藥效茶料理 德永睦子著 220 元
3. 改善慢性病健康藥草茶 吳秋嬌譯 200 元
4. 藥酒與健康果菜汁 成玉編著 250 元
5. 家庭保健養生湯 馬汴梁編著 220 元
6. 降低膽固醇的飲食 早川和志著 200 元
7. 女性癌症的飲食 女子營養大學 280 元
8. 痛風者的飲食 女子營養大學 280 元
9. 貧血者的飲食 女子營養大學 280 元
10. 高脂血症者的飲食 女子營養大學 280 元
11. 男性癌症的飲食 女子營養大學 280 元
12. 過敏者的飲食 女子營養大學 280 元

13.	心臟病的飲食	女子營養大學	280元
14.	滋陰壯陽的飲食	王增著	220元
15.	胃、十二指腸潰瘍的飲食	勝健一等著	280元
16.	肥胖者的飲食	雨宮禎子等著	280元
17.	癌症有效的飲食	河內卓等著	280元
18.	糖尿病有效的飲食	山田信博等著	280元

・家庭醫學保健・電腦編號 30

1.	女性醫學大全	雨森良彥著	380元
2.	初為人父育兒寶典	小瀧周曹著	220元
3.	性活力強健法	相建華著	220元
4.	30歲以上的懷孕與生產	李芳黛編著	220元
5.	舒適的女性更年期	野末悅子著	200元
6.	夫妻前戲的技巧	笠井寬司著	200元
7.	病理足穴按摩	金慧明著	220元
8.	爸爸的更年期	河野孝旺著	200元
9.	橡皮帶健康法	山田晶著	180元
10.	三十三天健美減肥	相建華等著	180元
11.	男性健美入門	孫玉祿編著	180元
12.	強化肝臟秘訣	主婦　友社編	200元
13.	了解藥物副作用	張果馨譯	200元
14.	女性醫學小百科	松山榮吉著	200元
15.	左轉健康法	龜田修等著	200元
16.	實用天然藥物	鄭炳全編著	260元
17.	神秘無痛平衡療法	林宗駛著	180元
18.	膝蓋健康法	張果馨譯	180元
19.	針灸治百病	葛書翰著	250元
20.	異位性皮膚炎治癒法	吳秋嬌譯	220元
21.	禿髮白髮預防與治療	陳炳崑編著	180元
22.	埃及皇宮菜健康法	飯森薰著	200元
23.	肝臟病安心治療	上野幸久著	220元
24.	耳穴治百病	陳抗美等著	250元
25.	高效果指壓法	五十嵐康彥著	200元
26.	瘦水、胖水	鈴木園子著	200元
27.	手針新療法	朱振華著	200元
28.	香港腳預防與治療	劉小惠譯	250元
29.	智慧飲食吃出健康	柯富陽編著	200元
30.	牙齒保健法	廖玉山編著	200元
31.	恢復元氣養生食	張果馨譯	200元
32.	特效推拿按摩術	李玉田著	200元
33.	一週一次健康法	若狹真著	200元
34.	家常科學膳食	大塚滋著	220元
35.	夫妻們閱讀的男性不孕	原利夫著	220元

36. 自我瘦身美容	馬野詠子著	200 元
37. 魔法姿勢益健康	五十嵐康彥著	200 元
38. 眼病錘療法	馬栩周著	200 元
39. 預防骨質疏鬆症	藤田拓男著	200 元
40. 骨質增生效驗方	李吉茂編著	250 元
41. 蕺菜健康法	小林正夫著	200 元
42. 赧於啓齒的男性煩惱	增田豐著	220 元
43. 簡易自我健康檢查	稻葉允著	250 元
44. 實用花草健康法	友田純子著	200 元
45. 神奇的手掌療法	日比野喬著	230 元
46. 家庭式三大穴道療法	刑部忠和著	200 元
47. 子宮癌、卵巢癌	岡島弘幸著	220 元
48. 糖尿病機能性食品	劉雪卿編著	220 元
49. 奇蹟活現經脈美容法	林振輝編譯	200 元
50. Super SEX	秋好憲一著	220 元
51. 了解避孕丸	林玉佩譯	200 元
52. 有趣的遺傳學	蕭京凌編著	200 元
53. 強身健腦手指運動	羅群等著	250 元
54. 小周天健康法	莊雯琳譯	200 元
55. 中西醫結合醫療	陳蒼杰譯	200 元
56. 沐浴健康法	楊鴻儒譯	200 元
57. 節食瘦身秘訣	張芷欣編著	200 元
58. 酵素健康法	楊皓譯	200 元
59. 一天 10 分鐘健康太極拳	劉小惠譯	250 元
60. 中老年人疲勞消除法	五味雅吉著	220 元
61. 與齲齒訣別	楊鴻儒譯	220 元
62. 禪宗自然養生法	費德漢編著	200 元
63. 女性切身醫學	編輯群編	200 元
64. 乳癌發現與治療	黃靜香編著	200 元
65. 做媽媽之前的孕婦日記	林慈姮編著	180 元
66. 從誕生到一歲的嬰兒日記	林慈姮編著	180 元
67. 6 個月輕鬆增高	江秀珍譯	200 元

・超經營新智慧・電腦編號 31

1. 躍動的國家越南	林雅倩譯	250 元
2. 甦醒的小龍菲律賓	林雅倩譯	220 元
3. 中國的危機與商機	中江要介著	250 元
4. 在印度的成功智慧	山內利男著	220 元
5. 7-ELEVEN 大革命	村上豐道著	200 元
6. 業務員成功秘方	呂育清編著	200 元
7. 在亞洲成功的智慧	鈴木讓二著	220 元
8. 圖解活用經營管理	山際有文著	220 元
9. 速效行銷學	江尻弘著	220 元

10. 猶太成功商法　周蓮芬編著　200元
11. 工廠管理新手法　黃柏松編著　220元
12. 成功隨時掌握在凡人手中　竹村健一著　220元
13. 服務・所以成功　中谷彰宏著　200元

・親子系列・電腦編號 32

1. 如何使孩子出人頭地　多湖輝著　200元
2. 心靈啓蒙教育　多湖輝著　280元
3. 如何使孩子數學滿分　林明嬋編著　180元
4. 終身受用的學習秘訣　李芳黛譯　200元
5. 數學疑問破解　陳蒼杰譯　200元

・雅致系列・電腦編號 33

1. 健康食譜春冬篇　丸元淑生著　200元
2. 健康食譜夏秋篇　丸元淑生著　200元
3. 純正家庭料理　陳建民等著　200元
4. 家庭四川菜　陳建民著　200元
5. 醫食同源健康美食　郭長聚著　200元
6. 家族健康食譜　東畑朝子著　200元

・美術系列・電腦編號 34

1. 可愛插畫集　鉛筆等著　220元
2. 人物插畫集　鉛筆等著　180元

・勞作系列・電腦編號 35

1. 活動玩具ＤＩＹ　李芳黛譯　230元
2. 組合玩具ＤＩＹ　李芳黛譯　230元
3. 花草遊戲ＤＩＹ　張果馨譯　250元

・元氣系列・電腦編號 36

1. 神奇大麥嫩葉「綠效末」　山田耕路著　200元
2. 高麗菜發酵精的功效　大澤俊彥著　200元

・心 靈 雅 集・電腦編號 00

1. 禪言佛語看人生　松濤弘道著　180元
2. 禪密教的奧秘　葉逯謙譯　120元

3. 觀音大法力	田口日勝著	120 元
4. 觀音法力的大功德	田口日勝著	120 元
5. 達摩禪 106 智慧	劉華亭編譯	220 元
6. 有趣的佛教研究	葉逯謙編譯	170 元
7. 夢的開運法	蕭京凌譯	180 元
8. 禪學智慧	柯素娥編譯	130 元
9. 女性佛教入門	許俐萍譯	110 元
10. 佛像小百科	心靈雅集編譯組	130 元
11. 佛教小百科趣談	心靈雅集編譯組	120 元
12. 佛教小百科漫談	心靈雅集編譯組	150 元
13. 佛教知識小百科	心靈雅集編譯組	150 元
14. 佛學名言智慧	松濤弘道著	220 元
15. 釋迦名言智慧	松濤弘道著	220 元
16. 活人禪	平田精耕著	120 元
17. 坐禪入門	柯素娥編譯	150 元
18. 現代禪悟	柯素娥編譯	130 元
19. 道元禪師語錄	心靈雅集編譯組	130 元
20. 佛學經典指南	心靈雅集編譯組	130 元
21. 何謂「生」阿含經	心靈雅集編譯組	150 元
22. 一切皆空　般若心經	心靈雅集編譯組	180 元
23. 超越迷惘　法句經	心靈雅集編譯組	130 元
24. 開拓宇宙觀　華嚴經	心靈雅集編譯組	180 元
25. 真實之道　法華經	心靈雅集編譯組	130 元
26. 自由自在　涅槃經	心靈雅集編譯組	130 元
27. 沈默的教示　維摩經	心靈雅集編譯組	150 元
28. 開通心眼　佛語佛戒	心靈雅集編譯組	130 元
29. 揭秘寶庫　密教經典	心靈雅集編譯組	180 元
30. 坐禪與養生	廖松濤譯	110 元
31. 釋尊十戒	柯素娥編譯	120 元
32. 佛法與神通	劉欣如編著	120 元
33. 悟（正法眼藏的世界）	柯素娥編譯	120 元
34. 只管打坐	劉欣如編著	120 元
35. 喬答摩・佛陀傳	劉欣如編著	120 元
36. 唐玄奘留學記	劉欣如編著	120 元
37. 佛教的人生觀	劉欣如編譯	110 元
38. 無門關(上卷)	心靈雅集編譯組	150 元
39. 無門關(下卷)	心靈雅集編譯組	150 元
40. 業的思想	劉欣如編著	130 元
41. 佛法難學嗎	劉欣如著	140 元
42. 佛法實用嗎	劉欣如著	140 元
43. 佛法殊勝嗎	劉欣如著	140 元
44. 因果報應法則	李常傳編	180 元
45. 佛教醫學的奧秘	劉欣如編著	150 元
46. 紅塵絕唱	海　若著	130 元

47. 佛教生活風情　洪丕謨、姜玉珍著　220 元
48. 行住坐臥有佛法　劉欣如著　160 元
49. 起心動念是佛法　劉欣如著　160 元
50. 四字禪語　曹洞宗青年會　200 元
51. 妙法蓮華經　劉欣如編著　160 元
52. 根本佛教與大乘佛教　葉作森編　180 元
53. 大乘佛經　定方晟著　180 元
54. 須彌山與極樂世界　定方晟著　180 元
55. 阿闍世的悟道　定方晟著　180 元
56. 金剛經的生活智慧　劉欣如著　180 元
57. 佛教與儒教　劉欣如編譯　180 元
58. 佛教史入門　劉欣如編譯　180 元
59. 印度佛教思想史　劉欣如編譯　200 元
60. 佛教與女性　劉欣如編譯　180 元
61. 禪與人生　洪丕謨主編　260 元
62. 領悟佛經的智慧　劉欣如著　200 元
63. 假相與實相　心靈雅集編　200 元
64. 耶穌與佛陀　劉欣如著　200 元

・經 營 管 理・電腦編號 01

◎ 創新經營管理六十六大計(精)　蔡弘文編　780 元
1. 如何獲取生意情報　蘇燕謀譯　110 元
2. 經濟常識問答　蘇燕謀譯　130 元
4. 台灣商戰風雲錄　陳中雄著　120 元
5. 推銷大王秘錄　原一平著　180 元
6. 新創意・賺大錢　王家成譯　90 元
10. 美國實業 24 小時　柯順隆譯　80 元
11. 撼動人心的推銷法　原一平著　150 元
12. 高竿經營法　蔡弘文編　120 元
13. 如何掌握顧客　柯順隆譯　150 元
17. 一流的管理　蔡弘文編　150 元
18. 外國人看中韓經濟　劉華亭譯　150 元
20. 突破商場人際學　林振輝編著　90 元
22. 如何使女人打開錢包　林振輝編著　100 元
24. 小公司經營策略　王嘉誠著　160 元
25. 成功的會議技巧　鐘文訓編譯　100 元
26. 新時代老闆學　黃柏松編著　100 元
27. 如何創造商場智囊團　林振輝編譯　150 元
28. 十分鐘推銷術　林振輝編譯　180 元
29. 五分鐘育才　黃柏松編譯　100 元
33. 自我經濟學　廖松濤編譯　100 元
34. 一流的經營　陶田生編著　120 元
35. 女性職員管理術　王昭國編譯　120 元

36. ＩＢＭ的人事管理　鐘文訓編譯　150 元
37. 現代電腦常識　王昭國編譯　150 元
38. 電腦管理的危機　鐘文訓編譯　120 元
39. 如何發揮廣告效果　王昭國編譯　150 元
40. 最新管理技巧　王昭國編譯　150 元
41. 一流推銷術　廖松濤編譯　150 元
42. 包裝與促銷技巧　王昭國編譯　130 元
43. 企業王國指揮塔　松下幸之助著　120 元
44. 企業精銳兵團　松下幸之助著　120 元
45. 企業人事管理　松下幸之助著　100 元
46. 華僑經商致富術　廖松濤編譯　130 元
47. 豐田式銷售技巧　廖松濤編譯　180 元
48. 如何掌握銷售技巧　王昭國編著　130 元
50. 洞燭機先的經營　鐘文訓編譯　150 元
52. 新世紀的服務業　鐘文訓編譯　100 元
53. 成功的領導者　廖松濤編譯　120 元
54. 女推銷員成功術　李玉瓊編譯　130 元
55. ＩＢＭ人才培育術　鐘文訓編譯　100 元
56. 企業人自我突破法　黃琪輝編著　150 元
58. 財富開發術　蔡弘文編著　130 元
59. 成功的店舖設計　鐘文訓編著　150 元
61. 企管回春法　蔡弘文編著　130 元
62. 小企業經營指南　鐘文訓編譯　100 元
63. 商場致勝名言　鐘文訓編譯　150 元
64. 迎接商業新時代　廖松濤編譯　100 元
66. 新手股票投資入門　何朝乾編著　200 元
67. 上揚股與下跌股　何朝乾編譯　180 元
68. 股票速成學　何朝乾編譯　200 元
69. 理財與股票投資策略　黃俊豪編著　180 元
70. 黃金投資策略　黃俊豪編著　180 元
71. 厚黑管理學　廖松濤編譯　180 元
72. 股市致勝格言　呂梅莎編譯　180 元
73. 透視西武集團　林谷燁編譯　150 元
76. 巡迴行銷術　陳蒼杰譯　150 元
77. 推銷的魔術　王嘉誠譯　120 元
78. 60 秒指導部屬　周蓮芬編譯　150 元
79. 精銳女推銷員特訓　李玉瓊編譯　130 元
80. 企劃、提案、報告圖表的技巧　鄭汶譯　180 元
81. 海外不動產投資　許達守編譯　150 元
82. 八百伴的世界策略　李玉瓊譯　150 元
83. 服務業品質管理　吳宜芬譯　180 元
84. 零庫存銷售　黃東謙編譯　150 元
85. 三分鐘推銷管理　劉名揚編譯　150 元
86. 推銷大王奮鬥史　原一平著　150 元

87. 豐田汽車的生產管理 林谷燁編譯 200 元

·成功寶庫· 電腦編號 02

1. 上班族交際術 江森滋著 100 元
2. 拍馬屁訣竅 廖玉山編譯 110 元
4. 聽話的藝術 歐陽輝編譯 110 元
9. 求職轉業成功術 陳義編著 110 元
10. 上班族禮儀 廖玉山編著 120 元
11. 接近心理學 李玉瓊編著 100 元
12. 創造自信的新人生 廖松濤編著 120 元
15. 神奇瞬間瞑想法 廖松濤編譯 100 元
16. 人生成功之鑰 楊意苓編著 150 元
19. 給企業人的諍言 鐘文訓編著 120 元
20. 企業家自律訓練法 陳義編譯 100 元
21. 上班族妖怪學 廖松濤編著 100 元
22. 猶太人縱橫世界的奇蹟 孟佑政編著 110 元
25. 你是上班族中強者 嚴思圖編著 100 元
30. 成功頓悟 100 則 蕭京凌編譯 130 元
32. 知性幽默 李玉瓊編譯 130 元
33. 熟記對方絕招 黃靜香編譯 100 元
37. 察言觀色的技巧 劉華亭編著 180 元
38. 一流領導力 施義彥編譯 120 元
40. 30 秒鐘推銷術 廖松濤編譯 150 元
42. 尖端時代行銷策略 陳蒼杰編著 100 元
43. 顧客管理學 廖松濤編著 100 元
47. 上班族口才學 楊鴻儒譯 120 元
48. 上班族新鮮人須知 程羲編著 120 元
49. 如何左右逢源 程羲編著 130 元
50. 語言的心理戰 多湖輝著 130 元
55. 性惡企業管理學 陳蒼杰譯 130 元
56. 自我啓發 200 招 楊鴻儒編著 150 元
57. 做個傑出女職員 劉名揚編著 130 元
58. 靈活的集團營運術 楊鴻儒編著 120 元
60. 個案研究活用法 楊鴻儒編著 130 元
61. 企業教育訓練遊戲 楊鴻儒編著 120 元
62. 管理者的智慧 程義編譯 130 元
63. 做個佼佼管理者 馬筱莉編譯 130 元
67. 活用禪學於企業 柯素娥編譯 130 元
69. 幽默詭辯術 廖玉山編譯 150 元
71. 自我培育・超越 蕭京凌編譯 150 元
74. 時間即一切 沈永嘉編譯 130 元
75. 自我脫胎換骨 柯素娥譯 150 元
76. 贏在起跑點 人才培育鐵則 楊鴻儒編譯 150 元

77. 做一枚活棋	李玉瓊編譯	130元
81. 瞬間攻破心防法	廖玉山編譯	120元
82. 改變一生的名言	李玉瓊編譯	130元
83. 性格性向創前程	楊鴻儒編譯	130元
84. 訪問行銷新竅門	廖玉山編譯	150元
85. 無所不達的推銷話術	李玉瓊編譯	150元

·處 世 智 慧· 電腦編號 03

1. 如何改變你自己	陸明編譯	120元
6. 靈感成功術	譚繼山編譯	80元
8. 扭轉一生的五分鐘	黃柏松編譯	100元
10. 現代人的詭計	林振輝譯	100元
14. 女性的智慧	譚繼山編譯	90元
16. 人生的體驗	陸明編譯	80元
18. 幽默吹牛術	金子登著	90元
24. 慧心良言	亦奇著	80元
25. 名家慧語	蔡逸鴻主編	90元
28. 如何發揮你的潛能	陸明編譯	90元
29. 女人身態語言學	李常傳譯	130元
30. 摸透女人心	張文志譯	90元
32. 給女人的悄悄話	妮倩編譯	90元
36. 成功的捷徑	鐘文訓譯	70元
37. 幽默逗笑術	林振輝著	120元
38. 活用血型讀書法	陳炳崑譯	80元
39. 心　燈	葉于模著	100元
41. 心·體·命運	蘇燕謀譯	70元
43. 宮本武藏五輪書金言錄	宮本武藏著	100元
47. 成熟的愛	林振輝譯	120元
48. 現代女性駕馭術	蔡德華著	90元
49. 禁忌遊戲	酒井潔著	90元
53. 如何達成願望	謝世輝著	90元
54. 創造奇蹟的「想念法」	謝世輝著	90元
55. 創造成功奇蹟	謝世輝著	90元
57. 幻想與成功	廖松濤譯	80元
58. 反派角色的啓示	廖松濤編譯	70元
59. 現代女性須知	劉華亭編著	75元
62. 如何突破內向	姜倩怡編譯	110元
64. 讀心術入門	王家成編譯	100元
65. 如何解除內心壓力	林美羽編著	110元
66. 取信於人的技巧	多湖輝著	110元
68. 自我能力的開拓	卓一凡編著	110元
70. 縱橫交涉術	嚴思圖編著	90元
71. 如何培養妳的魅力	劉文珊編著	90元

75.	個性膽怯者的成功術	廖松濤編譯	100元
76.	人性的光輝	文可式編著	90元
79.	培養靈敏頭腦秘訣	廖玉山編著	90元
80.	夜晚心理術	鄭秀美編譯	80元
81.	如何做個成熟的女性	李玉瓊編著	80元
82.	現代女性成功術	劉文珊編著	90元
83.	成功說話技巧	梁惠珠編譯	100元
84.	人生的真諦	鐘文訓編譯	100元
87.	指尖・頭腦體操	蕭京凌編譯	90元
88.	電話應對禮儀	蕭京凌編著	120元
89.	自我表現的威力	廖松濤編譯	100元
91.	男與女的哲思	程鐘梅編譯	110元
92.	靈思慧語	牧風著	110元
93.	心靈夜語	牧風著	100元
94.	激盪腦力訓練	廖松濤編譯	100元
95.	三分鐘頭腦活性法	廖玉山編譯	110元
96.	星期一的智慧	廖玉山編譯	100元
97.	溝通說服術	賴文琇編譯	100元

・健康與美容・電腦編號 04

3.	媚酒傳(中國王朝秘酒)	陸明主編	120元
5.	中國回春健康術	蔡一藩著	100元
6.	奇蹟的斷食療法	蘇燕謀譯	130元
8.	健美食物法	陳炳崑譯	120元
9.	驚異的漢方療法	唐龍編著	90元
10.	不老強精食	唐龍編著	100元
12.	五分鐘跳繩健身法	蘇明達譯	100元
13.	睡眠健康法	王家成譯	80元
14.	你就是名醫	張芳明譯	90元
19.	釋迦長壽健康法	譚繼山譯	90元
20.	腳部按摩健康法	譚繼山譯	120元
21.	自律健康法	蘇明達譯	90元
23.	身心保健座右銘	張仁福著	160元
24.	腦中風家庭看護與運動治療	林振輝譯	100元
25.	秘傳醫學人相術	成玉主編	120元
26.	導引術入門(1)治療慢性病	成玉主編	110元
27.	導引術入門(2)健康・美容	成玉主編	110元
28.	導引術入門(3)身心健康法	成玉主編	110元
29.	妙用靈藥・蘆薈	李常傳譯	150元
30.	萬病回春百科	吳通華著	150元
31.	初次懷孕的10個月	成玉編譯	150元
32.	中國秘傳氣功治百病	陳炳崑編譯	130元
35.	仙人長生不老學	陸明編譯	100元

36. 釋迦秘傳米粒刺激法	鐘文訓譯	120 元
37. 痔・治療與預防	陸明編譯	130 元
38. 自我防身絕技	陳炳崑編譯	120 元
39. 運動不足時疲勞消除法	廖松濤譯	110 元
40. 三溫暖健康法	鐘文訓編譯	90 元
43. 維他命與健康	鐘文訓譯	150 元
45. 森林浴—綠的健康法	劉華亭編譯	80 元
47. 導引術入門(4)酒浴健康法	成玉主編	90 元
48. 導引術入門(5)不老回春法	成玉主編	90 元
49. 山白竹（劍竹）健康法	鐘文訓譯	90 元
50. 解救你的心臟	鐘文訓編譯	100 元
52. 超人氣功法	陸明編譯	110 元
54. 借力的奇蹟(1)	力拔山著	100 元
55. 借力的奇蹟(2)	力拔山著	100 元
56. 五分鐘小睡健康法	呂添發撰	120 元
59. 艾草健康法	張汝明編譯	90 元
60. 一分鐘健康診斷	蕭京凌編譯	90 元
61. 念術入門	黃靜香編譯	90 元
62. 念術健康法	黃靜香編譯	90 元
63. 健身回春法	梁惠珠編譯	100 元
64. 姿勢養生法	黃秀娟編譯	90 元
65. 仙人瞑想法	鐘文訓譯	120 元
66. 人蔘的神效	林慶旺譯	100 元
67. 奇穴治百病	吳通華著	120 元
68. 中國傳統健康法	靳海東著	100 元
71. 酵素健康法	楊皓編譯	120 元
73. 腰痛預防與治療	五味雅吉著	130 元
74. 如何預防心臟病・腦中風	譚定長等著	100 元
75. 少女的生理秘密	蕭京凌譯	120 元
76. 頭部按摩與針灸	楊鴻儒譯	100 元
77. 雙極療術入門	林聖道著	100 元
78. 氣功自療法	梁景蓮著	120 元
79. 大蒜健康法	李玉瓊編譯	120 元
81. 健胸美容秘訣	黃靜香譯	120 元
82. 鍺奇蹟療效	林宏儒譯	120 元
83. 三分鐘健身運動	廖玉山譯	120 元
84. 尿療法的奇蹟	廖玉山譯	120 元
85. 神奇的聚積療法	廖玉山譯	120 元
86. 預防運動傷害伸展體操	楊鴻儒編譯	120 元
88. 五日就能改變你	柯素娥譯	110 元
89. 三分鐘氣功健康法	陳美華譯	120 元
91. 道家氣功術	早島正雄著	130 元
92. 氣功減肥術	早島正雄著	120 元
93. 超能力氣功法	柯素娥譯	130 元

94. 氣的瞑想法　早島正雄著　120元

・家　庭／生　活・電腦編號05

1. 單身女郎生活經驗談　廖玉山編著　100元
2. 血型・人際關係　黃靜編著　120元
3. 血型・妻子　黃靜編著　110元
4. 血型・丈夫　廖玉山編譯　130元
5. 血型・升學考試　沈永嘉編譯　120元
6. 血型・臉型・愛情　鐘文訓編譯　120元
7. 現代社交須知　廖松濤編譯　100元
8. 簡易家庭按摩　鐘文訓編譯　150元
9. 圖解家庭看護　廖玉山編譯　120元
10. 生男育女隨心所欲　岡正基編著　180元
11. 家庭急救治療法　鐘文訓編著　100元
12. 新孕婦體操　林曉鐘譯　120元
13. 從食物改變個性　廖玉山編譯　100元
14. 藥草的自然療法　東城百合子著　200元
15. 糙米菜食與健康料理　東城百合子著　180元
16. 現代人的婚姻危機　黃靜編著　90元
17. 親子遊戲　0歲　林慶旺編譯　100元
18. 親子遊戲　1～2歲　林慶旺編譯　110元
19. 親子遊戲　3歲　林慶旺編譯　100元
20. 女性醫學新知　林曉鐘編譯　180元
21. 媽媽與嬰兒　張汝明編譯　180元
22. 生活智慧百科　黃靜編譯　100元
23. 手相・健康・你　林曉鐘編譯　120元
24. 菜食與健康　張汝明編譯　110元
25. 家庭素食料理　陳東達著　140元
26. 性能力活用秘法　米開・尼里著　150元
27. 兩性之間　林慶旺編譯　120元
28. 性感經穴健康法　蕭京凌編譯　150元
29. 幼兒推拿健康法　蕭京凌編譯　100元
30. 談中國料理　丁秀山編著　100元
31. 舌技入門　增田豐著　160元
32. 預防癌症的飲食法　黃靜香編譯　150元
33. 性與健康寶典　黃靜香編譯　180元
34. 正確避孕法　蕭京凌編譯　180元
35. 吃的更漂亮美容食譜　楊萬里著　120元
36. 圖解交際舞速成　鐘文訓編譯　150元
37. 觀相導引術　沈永嘉譯　130元
38. 初爲人母12個月　陳義譯　200元
39. 圖解麻將入門　顧安行編譯　180元
40. 麻將必勝秘訣　石利夫編譯　180元

41. 女性一生與漢方	蕭京凌編譯	100 元
42. 家電的使用與修護	鐘文訓編譯	160 元
43. 錯誤的家庭醫療法	鐘文訓編譯	100 元
44. 簡易防身術	陳慧珍編譯	150 元
45. 茶健康法	鐘文訓編譯	130 元
46. 雞尾酒大全	劉雪卿譯	180 元
47. 生活的藝術	沈永嘉編著	120 元
48. 雜草雜果健康法	沈永嘉編著	120 元
49. 如何選擇理想妻子	荒谷慈著	110 元
50. 如何選擇理想丈夫	荒谷慈著	110 元
51. 中國食與性的智慧	根本光人著	150 元
52. 開運法話	陳宏男譯	100 元
53. 禪語經典＜上＞	平田精耕著	150 元
54. 禪語經典＜下＞	平田精耕著	150 元
55. 手掌按摩健康法	鐘文訓譯	180 元
56. 腳底按摩健康法	鐘文訓譯	180 元
57. 仙道運氣健身法	李玉瓊譯	150 元
58. 健心、健體呼吸法	蕭京凌譯	120 元
59. 自彊術入門	蕭京凌譯	120 元
60. 指技入門	增田豐著	160 元
61. 下半身鍛鍊法	增田豐著	180 元
62. 表象式學舞法	黃靜香編譯	180 元
63. 圖解家庭瑜伽	鐘文訓譯	130 元
64. 食物治療寶典	黃靜香編譯	130 元
65. 智障兒保育入門	楊鴻儒譯	130 元
66. 自閉兒童指導入門	楊鴻儒譯	180 元
67. 乳癌發現與治療	黃靜香譯	130 元
68. 盆栽培養與欣賞	廖啓新編譯	180 元
69. 世界手語入門	蕭京凌編譯	180 元
70. 賽馬必勝法	李錦雀編譯	200 元
71. 中藥健康粥	蕭京凌編譯	120 元
72. 健康食品指南	劉文珊編譯	130 元
73. 健康長壽飲食法	鐘文訓編譯	150 元
74. 夜生活規則	增田豐著	160 元
75. 自製家庭食品	鐘文訓編譯	200 元
76. 仙道帝王招財術	廖玉山譯	130 元
77.「氣」的蓄財術	劉名揚譯	130 元
78. 佛教健康法入門	劉名揚譯	130 元
79. 男女健康醫學	郭汝蘭譯	150 元
80. 成功的果樹培育法	張煌編譯	130 元
82.氣與中國飲食法	柯素娥編譯	130 元
83.世界生活趣譚	林其英著	160 元
84.胎教二八〇天	鄭淑美譯	220 元
85.酒自己動手釀	柯素娥編著	160 元

86.自己動「手」健康法　劉雪卿譯　160元
87.香味活用法　森田洋子著　160元
88.寰宇趣聞搜奇　林其英著　200元
89.手指回旋健康法　栗田昌裕著　200元
90.家庭巧妙收藏　蘇秀玉譯　200元
91.餐桌禮儀入門　風間璋子著　200元
92.住宅設計要訣　吉田春美著　200元

・命理與預言・電腦編號 06

1. 12 星座算命術　訪星珠著　200元
2. 中國式面相學入門　蕭京凌編著　180元
3. 圖解命運學　陸明編著　200元
4. 中國秘傳面相術　陳炳崑編著　180元
5. 13 星座占星術　馬克・矢崎著　200元
6. 命名彙典　水雲居士編著　180元
7. 簡明紫微斗術命運學　唐龍編著　220元
8. 住宅風水吉凶判斷法　琪輝編譯　180元
9. 鬼谷算命秘術　鬼谷子著　200元
10. 密教開運咒法　中岡俊哉著　250元
11. 女性星魂術　岩滿羅門著　200元
12. 簡明四柱推命學　呂昌釧編著　230元
13. 手相鑑定奧秘　高山東明著　200元
14. 簡易精確手相　高山東明著　200元
15. 13 星座戀愛占卜　彤雲編譯組　200元
16. 女巫的咒法　柯素娥譯　230元
17. 六星命運占卜學　馬文莉編著　230元
18. 簡明易占學　黃曉崧編著　230元
19. Ａ血型與十二生肖　鄒雲英編譯　90元
20. Ｂ血型與十二生肖　鄒雲英編譯　90元
21. Ｏ血型與十二生肖　鄒雲英編譯　100元
22. ＡＢ血型與十二生肖　鄒雲英編譯　90元
23. 筆跡占卜學　周子敬著　220元
24. 神秘消失的人類　林達中譯　80元
25. 世界之謎與怪談　陳炳崑譯　80元
26. 符咒術入門　柳玉山人編　150元
27. 神奇的白符咒　柳玉山人編　160元
28. 神奇的紫符咒　柳玉山人編　200元
29. 秘咒魔法開運術　吳慧鈴編譯　180元
30. 諾米空秘咒法　馬克・矢崎編著　220元
31. 改變命運的手相術　鐘文訓著　120元
32. 黃帝手相占術　鮑黎明著　230元
33. 惡魔的咒法　杜美芳譯　230元
34. 腳相開運術　王瑞禎譯　130元

35.	面相開運術	許麗玲譯	150元
36.	房屋風水與運勢	邱震睿編譯	200元
37.	商店風水與運勢	邱震睿編譯	200元
38.	諸葛流天文遁甲	巫立華譯	150元
39.	聖帝五龍占術	廖玉山譯	180元
40.	萬能神算	張助馨編著	120元
41.	神祕的前世占卜	劉名揚譯	150元
42.	諸葛流奇門遁甲	巫立華譯	150元
43.	諸葛流四柱推命	巫立華譯	180元
44.	室內擺設創好運	小林祥晃著	200元
45.	室內裝潢開運法	小林祥晃著	230元
46.	新・大開運吉方位	小林祥晃著	200元
47.	風水的奧義	小林祥晃著	200元
48.	開運風水收藏術	小林祥晃著	200元
49.	商場開運風水術	小林祥晃著	200元
50.	骰子開運易占	立野清隆著	250元
51.	四柱推命愛情運	李芳黛譯	220元
52.	風水開運飲食法	小林祥晃著	200元
53.	最新簡易手相	小林八重子著	220元
54.	最新占術大全	高平鳴海著	300元
55.	庭園開運風水	小林祥晃著	220元
56.	人際關係風水術	小林祥晃著	220元
57.	愛情速配指數解析	彤雲編著	200元
58.	十二星座論愛情	童筱允編著	220元
59.	實用八字命學講義	姜威國著	280元
60.	斗數高手實戰過招	姜威國著	280元
61.	星宿占星術	楊鴻儒譯	220元
62.	現代鬼谷算命學	維湘居士編著	280元
63.	生意興隆的風水	小林祥晃著	220元
64.	易學：時間之門	辛　子著	220元
65.	完全幸福風水術	小林祥晃著	220元

・教養特輯・電腦編號 07

1.	管教子女絕招	多湖輝著	70元
5.	如何教育幼兒	林振輝譯	80元
7.	關心孩子的眼睛	陸明編	70元
8.	如何生育優秀下一代	邱夢蕾編著	100元
10.	現代育兒指南	劉華亭編譯	90元
12.	如何培養自立的下一代	黃靜香編譯	80元
14.	教養孩子的母親暗示法	多湖輝編譯	90元
15.	奇蹟教養法	鐘文訓編譯	90元
16.	慈父嚴母的時代	多湖輝著	90元
17.	如何發現問題兒童的才智	林慶旺譯	100元

18. 再見！夜尿症　黃靜香編譯　90 元
19. 育兒新智慧　黃靜編譯　90 元
20. 長子培育術　劉華亭編譯　80 元
21. 親子運動遊戲　蕭京凌編譯　90 元
22. 一分鐘刺激會話法　鐘文訓編著　90 元
23. 啓發孩子讀書的興趣　李玉瓊編著　100 元
24. 如何使孩子更聰明　黃靜編著　100 元
25. ３・４歲育兒寶典　黃靜香編譯　100 元
26. 一對一教育法　林振輝編譯　100 元
27. 母親的七大過失　鐘文訓編譯　100 元
28. 幼兒才能開發測驗　蕭京凌編譯　100 元
29. 教養孩子的智慧之眼　黃靜香編譯　100 元
30. 如何創造天才兒童　林振輝編譯　90 元

・消 遣 特 輯・電腦編號 08

1. 小動物飼養秘訣　徐道政譯　120 元
2. 狗的飼養與訓練　張文志譯　130 元
4. 鴿的飼養與訓練　林振輝譯　120 元
5. 金魚飼養法　鐘文訓編譯　130 元
6. 熱帶魚飼養法　鐘文訓編譯　180 元
8. 妙事多多　金家驊編譯　80 元
9. 有趣的性知識　蘇燕謀編譯　100 元
11. 100 種小鳥養育法　譚繼山編譯　200 元
13. 遊戲與餘興節目　廖松濤編著　100 元
16. 世界怪動物之謎　王家成譯　90 元
17. 有趣智商測驗　譚繼山譯　120 元
19. 絕妙電話遊戲　開心俱樂部著　80 元
20. 透視超能力　廖玉山譯　90 元
21. 戶外登山野營　劉青篁編譯　90 元
25. 快樂的生活常識　林泰彥編著　90 元
26. 室內室外遊戲　蕭京凌編著　110 元
27. 神奇的火柴棒測驗術　廖玉山編著　100 元
28. 醫學趣味問答　陸明編譯　90 元
29. 樸克牌單人遊戲　周蓮芬編譯　130 元
30. 靈驗樸克牌占卜　周蓮芬編譯　120 元
32. 性趣無窮　蕭京凌編譯　110 元
33. 歡樂遊戲手冊　張汝明編譯　100 元
34. 美國技藝大全　程玫立編譯　100 元
35. 聚會即興表演　高育強編譯　90 元
36. 恐怖幽默　幽默選集編輯組　120 元
44. 藝術家幽默　幽默選集編輯組　100 元
45. 旅遊幽默　幽默選集編輯組　100 元
46. 投機幽默　幽默選集編輯組　100 元

48. 青春幽默　幽默選集編輯組　100元
49. 焦點幽默　幽默選集編輯組　100元
50. 政治幽默　幽默選集編輯組　130元
51. 美國式幽默　幽默選集編輯組　130元

・語文特輯・電腦編號09

1. 日本話1000句速成　王復華編著　60元
2. 美國話1000句速成　吳銘編著　60元
3. 美國話1000句速成　附卡帶　220元
4. 日本話1000句速成　附卡帶　220元
5. 簡明日本話速成　陳炳崑編著　90元
6. 常用英語會話　林雅倩編譯　150元
7. 日常生活英語會話　杜秀卿編譯　150元
8. 海外旅行英語會話　杜秀卿編譯　150元
20. 學會美式俚語會話　王嘉明著　220元
21. 虛擬實境英語速成　王嘉明著　180元

・文學叢書・電腦編號50

1. 寄給異鄉的女孩　陳長慶著　180元
2. 螢　陳長慶著　180元
3. 再見海南島、海南島再見　陳長慶著　180元
4. 失去的春天　陳長慶著　250元
5. 秋蓮　陳長慶著　200元
6. 同賞窗外風和雨　陳長慶著　200元
7. 陳長慶作品評論集　艾翎主編　220元
8. 何日再見西湖水　陳長慶著　200元
9. 午夜吹笛人　陳長慶著　250元

・生活廣場・電腦編號61

1. 366天誕生星　李芳黛譯　280元
2. 366天誕生花與誕生石　李芳黛譯　280元
3. 科學命相　淺野八郎著　220元
4. 已知的他界科學　陳蒼杰譯　220元
5. 開拓未來的他界科學　陳蒼杰譯　220元
6. 世紀末變態心理犯罪檔案　沈永嘉譯　240元
7. 366天開運年鑑　林廷宇編著　230元
8. 色彩學與你　野村順一著　230元
9. 科學手相　淺野八郎著　230元
10. 你也能成爲戀愛高手　柯富陽編著　220元
11. 血型與十二星座　許淑瑛編著　230元

國家圖書館出版品預行編目資料

實用家庭菜園 DIY　/ 孔翔儀編著　－2 版－
臺北市：大展，民 90
面；21 公分 --（休閒娛樂；21）
ISBN 957-468-049-5（平裝）
1. 蔬菜 – 栽培　2. 園藝
435.2　89017080

實用家庭菜園 DIY　ISBN 957-468-049-5

編 著 者／孔 翔 儀
發 行 人／蔡 森 明
出 版 者／大展出版社有限公司
社　　址／台北市北投區（石牌）致遠一路 2 段 12 巷 1 號
電　　話／（02）28236031・28236033・28233123
傳　　真／（02）28272069
郵政劃撥／01669551
E - mail／dah-jaan@ms9.tisnet.net.tw
登 記 證／局版臺業字第 2171 號
承 印 者／高星印刷品行
裝　　訂／日新裝訂有限公司
排 版 者／千兵企業有限公司
初版 1 刷／1993 年（民 82 年）4 月
2 版 1 刷／2001 年（民 90 年）1 月

定價／200 元

大展好書 好書大展